见识城邦

更新知识地图　拓展认知边界

人从哪里来

［马来西亚］赖瑞和 —— 著

人类600万年的演化史

中信出版集团 | 北京

图书在版编目（CIP）数据

人从哪里来：人类 600 万年的演化史 /（马来）赖瑞
和著 . -- 北京：中信出版社，2022.8
ISBN 978-7-5217-4513-9

Ⅰ . ①人… Ⅱ . ①赖… Ⅲ . ①人类进化－历史－普及
读物 Ⅳ . ① Q981.1-49

中国版本图书馆 CIP 数据核字（2022）第 114536 号

人从哪里来——人类 600 万年的演化史

著者： 　　[马来西亚]赖瑞和
出版发行：中信出版集团股份有限公司
　　　　　（北京市朝阳区惠新东街甲 4 号富盛大厦 2 座　邮编　100029）
承印者： 　北京中科印刷有限公司

开本：880mm×1230mm 1/32　　印张：8.25　　　　字数：189 千字
版次：2022 年 8 月第 1 版　　　　印次：2022 年 8 月第 1 次印刷
书号：ISBN 978–7–5217–4513–9
定价：56.00 元

目录

第六章　　直立人出非洲记

第七章　　中国人从哪里来

行走在历史里的人

"人不是上帝造出来的，而是演化而来的。"诸如此类的话题总是在我们家的餐桌上被提及。"人从哪里来"这个问题也是，我想爸爸大概是太好奇这个问题的答案了，所以自己做研究，并写出了这本书。起初，他说想要写一本科普性质的人类起源书。我问他："没有生物科学方面的相关专业也能写吗？"他说："怎么不可以呢？我做历史研究，当然也能研究人类的历史。"结果，这本书真的被他写出来了，可他却来不及等到这本书正式出版的那天。

小时候，爸爸常带我去动物园，我最喜欢在大象园区驻足。他会问我："大象好看吗？"就连家附近的小型宠物店也像是我们的小小动物园。在放学回家之前，他总会载我去宠物店看看动物再回家，那个地方有点儿类似我们的秘密基地。2019 年，我一个人到日本旅游，也去上野动物园看了大猩猩。

在看完这本书第一章，得知人类与黑猩猩的关系最亲近后，我曾拿着当时录下的黑猩猩影片给他看，当时他已经无法走动了。

我眼中的爸爸是一个情感细腻，却也十分理性，喜欢以科学论据来评断事情的人，不管是在研究上还是生活上，都是如此。每次我问他"爸爸，你爱我吗"，他总是会笑着说："当然爱啦，因为你有我的DNA。"看，他就是一个如此信奉科学的人。我认为，他是真正热爱着"历史"，甚至记录着自己的历史的人。他平时热爱拍照、记录任何小事，甚至连发票和收据都会好好收藏。这些"历史"不仅包含他最专精的《唐代文官》系列，而且包含记录他在中国壮游的《杜甫的五城》、为我而写的生命成长史《男人的育婴史》，以及这一本以"人类的历史"视角去撰写的《人从哪里来》。

这本书解答了"人从哪里来"这个疑问。除此之外，爸爸曾强调，他不希望这是一本学术书，而是像我这样的普通人也能轻松读懂的科普书，因此刻意写得较为深入浅出。在他离开之前，我能陪他一起校订、讨论这本书的出版细节，这对我个人而言是非常珍贵且幸福的回忆。我也非常期待正式拿到实体书，开始阅读的那一天。

爸爸曾经告诉我，他认为书是一种永不毁灭的媒介。网络资料有可能不可见、被取代，甚至消失，但书一旦出版，就会分散在各地，即使被烧毁也不可能全部销声匿迹。因此，他一生致力于做一个写书的人，经常自豪地表示自己"靠写书养活一家人"。但愿这本书也能流传千古，也许直到人类已经灭亡、演化出下一个物种时，这本书仍然会在地球的某处存在。

这本书中也提到，人最重要的标志是"双足行走"这一特征。直到爸爸生命的最后几天，我才意识到"直立"这件事对人体的重要性。当时他已无法行走，就连下床、起身都需要花费很多时间和力气。妈妈总是在一旁叮咛他，"你要站直"。我当时就在想，如果他想着直立人的话，会不会更有力气站直呢？

虽然他已经再也无法站起来，但我相信，在另一个世界里，此时此刻的他或许正与直立人并肩而行，悠然游走在漫长的历史洪流之中。

小女儿　维维安

2022 年 5 月 18 日　于台北

自
序

　　过去十多年，我迷上了人类演化史，有系统地读完了这个领域的经典论述和最新论文。读过之后，经常在饭桌上跟小女儿谈起人类演化的种种妙事，常常讲到兴奋处，忘了吃饭。女儿从大约 9 岁起，一直听到 18 岁上大学为止。她升学后离家在外不久，我也从台湾清华大学历史研究所退休了，回到我的出生地、马来西亚最南端的边城小镇新山市，在城郊旧居退隐。

　　闲时无事，想起从前和女儿谈论人类演化史的快乐往事，不觉动了心念，决定写一本这样的书。用一种深入浅出的讲故事方式，用一般人看得懂的语言，讲述人类过去 600 万年的历史，也算是一本写给我女儿读的人类演化史吧。她在大学主修电视电影专业，非生物学或古人类学，但她当年在饭桌上就能听得懂我的"高谈阔论"，如今也能看懂我的这本书（我曾经给她看过两章初稿）。如果她能看懂，那么高中程度的读者肯定也能看懂了。

有朋友问起，这本书是学术著作吗？问得好。我原以为，大家看到这样的书名，应该就知道它不是学术著作，而是一本通俗普及类的历史书 + 科普书，因为学术著作不可能取这样的书名。不过，要写这种历史科普书，我要做许多研究，要读大量最新、最前沿的英文研究论文（中文的论文很少），也算是一种学术工作吧。

我的工作，类似英美科普作家的工作——先搜集专业古人类学的各种最新、最好的文献，再研读消化，最后才用通俗的讲故事方法，把最全面的人类演化史知识有系统地呈现给普通读者。我好比一个厨师，在众多科学文献中，精挑细选出最佳、最新鲜的"食材"，想办法烹煮出一道美食，呈现给饕客们。

古人类学家、古生物学家一般不愿意写这种通俗读物，因为这不是学术著作，他们重视的是在国内外知名期刊上发表论文。但是，这些专业论文往往是专家写给专家看的，充满术语和数字，内容晦涩，普通读者恐怕难以卒读。

然而，社会大众和一般读者、中学生和大学生，又很需要获得最新、最优质的人类演化史知识，以了解人类过去600万年的历史。怎样获得？其中一个办法，是上网搜寻。但网上的信息往往真真假假、零零碎碎，作者和材料来源皆不明，充满错误，如何可信？百度、维基一类的文章还好，最可怕的是，网上博客有许多"妙论"和"谬论"，天马行空，容易误导读者。在这方面，能够读英文的读者比较幸运。近年来，英美出版界出了好几本相当不错的通俗读物，有些也被翻译成中文，如利伯曼（Daniel Lieberman）的那本《人体的故事》（*The Story of the Human Body*）。

至于翻译品质，有好有坏。差的译本不少，译笔晦涩，常常不知所云，但即使是好的译本，也还是翻译书，难免会有一种"怪怪的翻译体"，让人读了有隔靴搔痒的感觉，不如读中文书那么亲切痛快。而且，这些英文书原本设定的读者就是英美读者，而非中国读者，经常有"欧美中心论"的倾向，不会照顾中文读者的阅读习惯，也不会涉及中国的材料，比如国内出土的那些古人类化石。

因此，我们需要一本特别为中国一般读者撰写的人类演化史的书。本书正是为了填补这一大空白而写的。我主要的立论依据，是最新的英文古人类学期刊论文（除了少数例外，书反而都有些过时）。这些论文有许多发表在顶尖的英美科学期刊上，如《科学》《自然》和《美国国家科学院院刊》等。书中引证的材料皆注明出处，可供好学者和有兴趣者做进一步的阅读和追踪。没兴趣者可略过，不理这些出处。全书内容兼顾可读性和一定程度的学术深度。

本书的重点是人类演化史上最关键的几个主题，尤其是人最重要的标志——双足行走及其起源和演化。书中第七章《中国人从哪里来》，更是专门为国内读者撰写的。英文书不会涉及这样的课题。同时，也特别把中国古人类学界的新发现，如2018年发表的陕西蓝田上陈遗址研究报告，纳入人类演化史（直立人走出非洲）的框架下来讨论（见第六章）。

人类演化史上有许多值得讨论的课题，例如种族和基因组（从一个人的基因组去分辨其种族）、语言的诞生和人类智慧的演化等，但本书不想写得太长，设定在200页左右，以免初学者见到三四百页的厚书望之生畏。所以本书只处理了最基本、最核心和最不可或缺的几个课题。至于其他课题，我想将来有机会，留待下一本书再来细说。

写到这里，我突然想到，如果我还在大学里教书，这本书倒很适合用作我的教科书，在通识部门开一门课。课名可取正经的"人类演化简史"之类的，或花哨一点的"我从哪里来"或"人类文明前史"。书中有不少照片，也可以制作成投影片，更方便教学，增加教学效果。这样一来，这门课就要比我从前跟小女儿在饭桌上谈论人类演化史有系统多了。

本书初稿完成后，我把书稿做成一个PDF，发给中国科学院古脊椎动物与古人类研究所的吴新智院士，就几个问题向他请教。吴老师在百忙之中给我提了好多意见，特别是在智人起源和形成的问题上，让我受益良多。吴老师后来又给我一封电邮说："你为了写这一本科普书，阅读了那么多的有关文献。

对诸多文献能有如此质量的理解，不简单。我很敬佩。"这让我很受鼓舞。在此要深深感谢吴老师的鼓励，让我有信心继续写完全书，不至于半途而废。

最后，我要衷心感谢台湾清华大学图书馆。在我退休后，它仍然给我保留我在职时的那个图书馆账号，让我如今远在海外依然可以上网搜索台湾清华大学图书馆十分丰富的电子期刊库，下载并阅读最新一期的《自然》和《科学》等英文电子期刊，以及中国知网所收录的中文期刊。如果没有这些庞大的电子期刊库可用，这本书是不可能写成的。

赖瑞和

2021 年 3 月 16 日

第一章

人从哪里来

—— 为什么现在的猴子不能演化成人

有一个朋友，一听我说要写一本人类演化史的书，马上就问："达尔文不是说人是从猴子演化而来吗？但为什么现在的猴子变不出人来？"

问得好！这也是演化生物学家和古人类学家最常被问到的问题。答案其实也很简单：人可不是从猴子演化而来的。达尔文绝对没有这么说。人们常把"猴子变人"的说法胡乱套在达尔文头上，主要是为了嘲笑他的演化论。

如果将问题改为"为什么现在的黑猩猩不能演化成人"，答案也可改为：人不是从黑猩猩演化而来的，而是大约600万年前跟黑猩猩有共同的祖先。下面将细论。

不少人也常问：如果人是从猴子或黑猩猩演化而来的，那为什么现在还有猴子和黑猩猩？意思是，如果所有猴子和黑猩猩都变成人了，现在就不应当还有这两种动物。不是吗？答案是：这正好证明，人不是从猴子和黑猩猩演化而来的，所以现在当然还有猴子和黑猩猩。

一、物种如何形成

那么，人究竟是从什么生物演化而来的？在达尔文的时代，他只能推测，人应当是从一种猿类演化而来的，但没有确切的证据。一直到 20 年前，这个问题也没有很好的答案。不过，近年来，科研人员终于找到了最有力的铁证，它就隐藏在人体的基因组里。

最近数十年的基因组研究有了飞跃性发展。首先，1990 年，美国科学家正式启动人类基因组计划（Human Genome Project），要为人类全基因组（2.5 万个基因，23 对染色体，30 亿个碱基对）进行测序。这项工程由美、英、日、法、德和中国六个国家历经 13 年合作完成，预算达 30 亿美元。2003 年，人类基因组图谱被绘制完成，它终于把人类基因组的 DNA 序列破解了，号称解开了生命之书的密码（见图 1.1）。

接着，科学家在 2005 年为黑猩猩，2007 年为猕猴，2011 年为红毛猩猩，以及 2012 年为大猩猩完成了基因组测序。从此，在研究人类的演化方面，我们除了出土的人类化石外，还多了一项更精准的科学利器——基因组。

图 1.1　2000 年 6 月，时任美国总统克林顿在白宫宣布人类基因组草图绘制工作完成（完成图于 2003 年完成）。左边是该项目主持人之一文特尔（白宫照片）

　　所谓基因组，是指生物细胞内所有的遗传信息以 DNA 序列的形式存储。人类基因组是一套完整的人类（这里仅指现代智人）基因，位于 23 对独立的染色体里。一般所说的亲子鉴定，或警方采检犯罪嫌疑人基因，只检验人的基因组当中很小的一部分，并非整个基因组。现在，我们可以把人的整个基因组跟其他人类近亲的进行比对，从而更了解人跟其他猿猴的演化和遗传关系，比如在何时跟黑猩猩等物种分离。

　　最新的研究结论是，人最亲近的物种其实不是猕猴，也不是大猩猩或红毛猩猩，而是黑猩猩。同样，黑猩猩最亲近的物种，很多人会很"直观"地以为，应当是大猩猩或红毛猩猩，因为它们长得都"很像",但其实都不是,而是人才对。人的基因组只有93%跟猕猴相同,却有将近99%跟黑猩猩相同。研究人员以一种"分子时钟"计算,这意味着人跟黑猩猩有一个共同的祖先。这个共祖在大约600万年前分裂成两个物种,一支演化为黑猩猩,一支演化为人。

但确切的分化时间仍有争议。600万年是最多学者采用的年代,也有学者说是在800万到500万年前分化。[1]在大约200万到150万年前,黑猩猩又分化出一个新的物种,被称为倭黑猩猩,俗名巴诺布猿。它们散居在非洲刚果河南部,现濒临绝种。

图 1.2　非洲乌干达森林内的一对黑猩猩母子正在享用野生无花果（Alain Houle/ 创用 CC 4.0）

　人从哪里来

我们今天常在争论，气候变迁对地球会有怎样的影响。其实，在地球的历史上，气候是经常发生变化的，有周期性，有时变冷，有时变热，此乃自然现象，不足为奇，并非近年才有。在人类的演化史上，气候变迁更是起了关键作用，可以说直接催生了人这个物种。人和黑猩猩的共祖（一种猿类动物）原本住在非洲赤道边缘那些浓密的热带雨林里，栖居在大树上，靠采集树上的果子为生，很少食肉。在650万到500万年前，全球正巧发生剧烈的气候变迁，天气变得比较寒冷和干旱，降雨量减少。非洲的热带雨林因此大面积死亡、萎缩，变成开敞的疏林或热带稀树草原。[2]共祖的食物来源跟着锐减，使得其在森林中觅食变得越来越困难，生存受到威胁。

在如此生死关头，物种都会发挥它们最原始的本能，求变以求生。于是，人和黑猩猩共祖中的某些种群，那些生存条件最恶劣者，比如那些失去雨林保护的，就被迫走到疏林来觅食。至于那些生存条件比较好、住在雨林深处的，以及还未受到森林面积萎缩影响的种群，仍然留在原地生活。就这样，经过数十万年的演化，这两个分居两地的种群便因生态环境和食物不同等因素，慢慢演化成两个不同的物种。共祖一分为二，各走各的路。

就人类演化来说，非洲赤道地区的生态环境，大致可分为三种：雨林、疏林和热带稀树草原。雨林指那些树冠极为浓密的大森林，树木高达四五十米，阳光几乎无法从树冠穿透到地面，所以说是"封闭"的。黑猩猩至今仍住在这种浓密封闭的雨林中（见图 1.3）。

疏林和雨林的区别是：疏林有树林，但树木一般没有雨林里的那么高，多在 20 米左右。树木之间的间隔比较大，树冠也没有那么浓密，阳光可以从树冠之间的空隙照射到地面上，所以说"比较开阔"，比如赞比亚的某些疏林（见图 1.4）。

热带稀树草原是最"开阔"的一种生态环境，因为树木十分稀少，间隔最远，如非洲知名的塞伦盖蒂大草原（见图 1.5）。传统论述认为，人类的祖先从雨林走出来后，就进入热带稀树草原生活。但自从乍得撒海尔人等最早期人类的化石被

图 1.3 刚果的一个热带雨林（Monusco Photos/CC 2.0）

图 1.4　赞比亚的一处疏林（Hans Hillewaert/CC 3.0）

图 1.5　塞伦盖蒂大草原（Harvey Barrison/CC 2.0）

发现后，这种草原模式已被推翻，因为这些最早期的人类的生存环境都不是热带稀树草原，而是疏林。他们善于爬树，仍需要树林的庇护。

为什么一个物种会分裂成两个，甚至更多个？这便是物种起源的奥秘。我们的地球在大约46亿年前形成，最初没有生命。最早的生命（一种单细胞体的菌类）在大约38亿年前诞生，经过数十亿年的演化和物种形成，演化成今天自然界中数千数亿个物种（包括动植物），充满了生物多样性。它们的始祖，都可追溯到大约38亿年前的那种菌类。它们都是从一个又一个共祖中分裂出来的，就像人和黑猩猩是从一个共祖分化出来的一样。

达尔文的名作《物种起源》（见图1.6）一开头便引用他朋友的话，形容物种起源为"玄中之玄"，表示这件事神秘不可解。此书出版于1859年，是划时代的巨作，提出了影响深远的演化论。但在达尔文那个时代，除了德国出土了尼安德特人的化石之外，非洲还没有任何人类化石出土，也没有分子生物学、基因学等学科，达尔文的科学认知受到限制。他在书中其实没有解答新物种如何诞生，也没有解释为什么一个物种会分裂成两个。他只论及自然选择如何造成单一物种为应对新的生态而不断适应和演化，不能适应新环境的，便会灭绝。一直要到20世纪60年代，演化生物学家，如恩斯特·迈尔（Ernst Mayr，1904—2005，见图1.7）等人，才慢慢解开物种

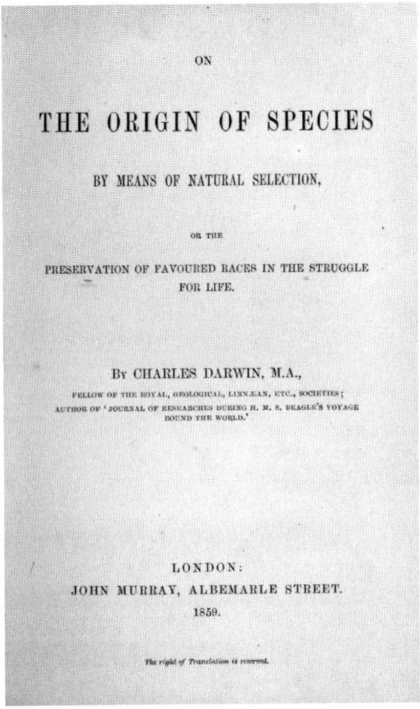

ON

THE ORIGIN OF SPECIES

BY MEANS OF NATURAL SELECTION,

OR THE

PRESERVATION OF FAVOURED RACES IN THE STRUGGLE
FOR LIFE.

By CHARLES DARWIN, M.A.,
FELLOW OF THE ROYAL, GEOLOGICAL, LINNÆAN, ETC., SOCIETIES;
AUTHOR OF 'JOURNAL OF RESEARCHES DURING H. M. S. BEAGLE'S VOYAGE
ROUND THE WORLD.'

LONDON:
JOHN MURRAY, ALBEMARLE STREET.
1859.

The right of Translation is reserved.

图 1.6　达尔文的名作《物种起源》1859 年初版封面（公有领域图片）

形成之谜。[3]

　　迈尔 1904 年出生在德国，1926 年取得柏林大学动物学博士学位。不久，他到巴布亚新几内亚研究鸟类，并收集鸟类标本，再到纽约的美国自然历史博物馆任职，1953 年成为哈佛大学演化生物学教授，直到退休。他在生物学上最有名的贡献，在于他提出的"生物种概念"（biological species concept），它常见于今天的生物学教科书：同个物种中的生

图 1.7　演化生物学家迈尔（哈佛大学图书馆）

物能够自然交配，并产下有生育能力的下一代，但跟其他物种有生殖隔离（reproductive isolation），即使交配，也无法产下有生育能力的后代。[4] 迈尔的生物种概念有一些存在争议的地方。比如，它不适用于植物和那些无性繁殖的细菌等，但它在有性繁殖的动物界极为有用，没有其他概念可比。

最有名的例子，便是马和驴。它们原本有一个共同的祖先，但已分化为两个物种。现在，在自然情况下，马和驴对彼此没有"性"趣，不会交配。没有交配，便没有"基因交流"（gene flow）。这便是所谓的"生殖隔离"。因此，马和驴是两个不同的物种。

然而，母马又可以在人为安排下和公驴交配，但生下来的骡却是杂交种，完全没有繁衍后代的能力。这也证明，马和驴终究无法完成基因交流，所以它们仍然是两个相近但不同的物种。

物种形成虽然有好几种模式，但迈尔认为，最常见的模式是"异域物种形成"（allopatric speciation）。[5]在数百万年前的非洲，人和黑猩猩的共同祖先一分为二，最后演化出两个不同的物种，这正是一种"异域物种形成"的现象。所谓"异域"，指同一物种的种群因某些地理因素，比如被高山或河流阻隔，或其他原因，分居在两个不同的地方，有一种"地理隔离"。分居在不同地理环境的同一物种当然无法自然交配，最后会因各自的不同演化，慢慢演化成两个物种。即使有一天，这两个物种有机会打破原先的地理隔离，又重新住在相同的地域，也不会再进行自然交配，因为它们已成了不同的物种。地理隔离表示，同一物种开始要一分为二；生殖隔离则意味着，两个物种终于形成了，不再交配。

例如，美国科罗拉多州的大峡谷和河流在大约1万年前发生变化，把原本生活在当地的一种松鼠分隔两地，使它们无法自然交配，不再有基因交流。住在峡谷北边一小块地区的松鼠，便演化成凯巴布（Kaibab）松鼠，其特征是腹部为灰黑色。留在峡谷南边的，演化成艾伯特（Albert）松鼠，其特征是腹部为白色。它们成了两个物种，不但形貌不同，基因也相异。同样，巴拿马地峡在300万年前形成以后，也把当地的海胆、鱼和虾分隔两地，使它们演化成两个不同的、最亲近的"同胞种"（sister species）。[6]

不过，物种形成是一个异常缓慢的过程，往往需要数十万

年的时间才能完成。以人和黑猩猩的共祖来说，在距今 600
万年前，开始有一些共祖种群走到疏林里生活，但地理隔离和
生殖隔离无法在数百年间形成，而需要更长时间。比如说，在
开始分化初期，森林仍在不断萎缩，森林种群仍然会断断续续
走到疏林里觅食，并且跟那些已在疏林长期定居下来的种群自
然交配，进行基因交流，以至于这两个种群无法形成彻底的生
殖隔离，于是也就不能演化成两个物种。

最新的基因组研究发现，人和黑猩猩不是一种速战速决的
"干净"分手，而是很"缠绵"、很"拖拖拉拉"的分手，好
像一对深情的恋人那样。2006 年有一项研究甚至根据基因组
证据来推论，说人和黑猩猩原本在约 600 万年前分离，并且
有了生殖隔离，但又在约 100 万年后重新交配，最后才在 540
万年前分手。[7] 当时，这项研究引发媒体的热烈炒作，甚至说
"人曾经和黑猩猩交配过"。这种耸人听闻的标题当然是媒体最
爱的。比较正确的说法是："人的远祖曾经跟黑猩猩的远祖交
配过。"后来有科学家对这项研究的基因组证据做了进一步的
解读。[8]

比较保守的看法是，早期的人类祖先虽然走出了雨林，但
依然可能跟黑猩猩的祖先在雨林和疏林的边界地带进行交配，
时间长达"数十万年"之久，最后才因生殖隔离而分手。[9] 分
手之时，双方应当都已经历相当程度的演化，样貌和形态特征
有了明显的差异。双方不再视对方为"同类"，也就不能相互

吸引，进行交配，因此最后演化成两个不同的物种。

二、共祖长什么样子

我们好奇的是：人和黑猩猩的共祖长什么样子？

过去，不少学者认为，这个共祖长得像现在的黑猩猩。这是因为他们假设，黑猩猩住在雨林，生态环境和食物比较单纯，没有受到太多的演化压力，所以它们的长相和形态，从600万年前跟人类分家之后到现在，应该没有太大的改变，也就是跟共祖长得相似。然而，黑猩猩的化石至今仅有几颗牙齿出土，不像人类化石那么多。[10] 关于它在数百万年前的长相，我们几乎全靠猜测，没有化石证据。如果有更多的黑猩猩化石出土，我们应当会发现，它们其实也跟人一样，经历过不同的身体形态特征的演化，可以分成早期黑猩猩、晚期黑猩猩等。

600万年是很长的时间，等于中国文明史5 000年经历了1 200次。黑猩猩的祖先跟人类的祖先分离之后，不可能没有经历演化。2007年，美国密歇根大学研究人员分析了人类和黑猩猩的1.4万个基因，特别是那些具有正选择（positive selection）特征的基因（那些对物种有用而被保留下来的基因突变）。研究结果发现，人类只有154个基因具有正选择特征，而黑猩猩则有 233 个。这说明黑猩猩跟人类一样，在过去数百万年间，也在不断演化。[11] 共祖的长相应当不像人，也不像现在的黑猩猩。

美国加州大学伯克利分校古人类学家蒂姆·怀特（Tim White）的一支国际研究团队，于 1992—1994 年在非洲埃塞俄比亚发现了一个很早期的人类化石，并称之为始祖地猿。2009 年 10 月，经过十多年的研究，怀特团队终于在知名的《科学》期刊上发表了他们的研究结果，轰动整个古人类学界。[12] 始祖地猿为女性，能以一种原始的步伐双足行走，其年代为距今约 440 万年。怀特认为，这种地猿既不像人，又不像黑猩猩，但同时带有人类和黑猩猩两者祖先的某些模样。[13] 他的研究团队宣称，始祖地猿是人和黑猩猩分化以后，属于人类谱系的化石。在没有其他更好的化石证据之下，它或许可以让我们一窥共祖的若干样貌（见图 1.8）。

虽然我们不宜把今天的黑猩猩当成共祖的替身来看待，但共祖既然属于猿类，自有猿家族的基本样貌和共同特征。比如，猿都没有尾巴（相反，猕猴等猴类不属于猿家族，它们有尾巴）。猿的身体布满了毛发。就这点而言，共祖和早期的人类必定也没有尾巴，且全身毛茸茸的，身体比例（手长脚短）和头部特征也比较像猿和现在的黑猩猩，多过于像后来演化的直立人。

经过几百万年的演化，在我们现代人的身躯上，毛发几乎

图1.8　古生物画家马特内斯（Mattemes）根据出土化石所绘的始祖地猿（J. H. Mattemes/Science/Fair Use）

已经落尽，身体比例（手短脚长）也不再像猿。我们的脸部从侧边看过去比较垂直平坦（口鼻和口吻部分没有太突出），跟我们最亲近的物种黑猩猩长相差别越来越大。虽然我们和黑猩猩的基因组有大约98.5%相同，只有约1.5%的差异，但不要小看这1.5%的差异。人的基因组有超过30亿个碱基对。1.5%的差异，等于约4 500万个碱基对的差别。这就使得黑猩猩看起来只是"有些"像人罢了，并不是"很像"，以至于我们今人都很"直觉"地把黑猩猩视为另一个物种，不可能跟它交配。这证明迈尔的生物种概念是对的——只有同个物种的种群才会自然交配。然而，我们也应当意识到，黑猩猩不但是人最亲近的一个物种，而且是"同胞种"，就像巴拿马地峡两边那些"同胞种"鱼虾一样，两者源自同一个祖先。改天你如果有机会到动物园走走，不妨到黑猩猩的笼子前看看，缅怀一下，你和这只黑猩猩曾经有共同的祖先，在非洲，600万年前。

三、人从古猿演化而来

前面提过，人不是从猴子或黑猩猩演化而来的。比较精确的说法是，人和黑猩猩有共同的祖先，在 600 万年前开始分离，最后才演化成两个不同的物种。不过，在古人类学界，还有一个比较"简化"的说法——人从猿演化而来（Humans evolved from apes）。那么，"人从猿演化而来"，跟"人从猴子或黑猩猩演化而来"，又有什么差别呢？

差别是：猴子不属于猿类。而且，我们现在所说的"猴子"，是一种现代的动物。人不可能从这种不属于猿类的现代动物演化而来。

黑猩猩属于猿类，但它跟猴子一样，是一种现代动物。人也不可能从这种现代动物演化而来。不过，600万年前，我们倒是跟这种现代动物有共同的祖先。这个600万年前的共祖，不能说是"黑猩猩"，但可以很含糊地称之为"猿"或"古猿"，因为那个共祖，肯定属于"猿"类。古人类学家有时为了省事，就说"人是从猿（或古猿）演化而来的"。

然而，在英文论述里，也有人反对这样的简化说法。他们认为："人不是从猿演化而来的，人就是猿。"（Humans did not evolve from apes. Humans are apes.）这样的说法表面上有道理，但太过拘泥于科学分类上的意义，过于死板，恐怕不可取。没错，在科学分类法下，人属于灵长目人猿超科（Hominoidea）的一员，但"猿"（apes）不是科学分类法的用词，在一般传统和非科学用法下，"猿"并不包括人。因此，美国知名古人类学家约翰·霍克斯（John Hawks）在一篇博客文章中说，"人属于人猿超科"（Humans are hominoids），"但人不是猿"（But humans are not apes）。[14] 关键在于："猿"既然不是科学分类法的专有名词，那么在我们日常的认知里，此词不论在英文或中文，都不包括人在内。因此，我们不能说，"我们人就是猿"（这听起来就怪怪的），但我们可以说，"我们人属于人猿超科"（这听起来很自然）。

四、人族成员

近年来，在英文古人类学论述，甚至通俗的英文报纸杂志上，常见一个词 hominin（在大约 2007 年之前则写成 hominid）。例如，2001 年，法国古人类学家布吕内发现乍得撒海尔人时，便宣称他找到了一个 hominid 化石。有关此词的定义，各家的说法不太一样，但目前主流的用法，是指人类谱系（human lineage）中的人族成员，和黑猩猩谱系相对。

这个泛称用途很广，可以指 600 万年前最早的人类祖先，也可以指后来的阿法南猿、直立人，甚至尼安德特人和智人。使用此词有许多好处。比如，当科研人员发现一个出土化石，确定它属于人类谱系，但还不肯定它属于南猿还是人属时，就可以说它是个 hominin 化石。奇怪的是，此词几乎不见于中文的论述。原因之一，很可能是在这类场合，中文论述一般都以最简单的"人类"一词来表达英文 hominin 的概念。比如，英文提到 hominin fossils 时，中文好像只要写成"人类化石"就可以了，无须再为 hominin 取个特定的中译，但这样不够精确，故本书把它译为"人族成员"，并且将在后面各章中使用。

"人类化石"和"人族成员化石"，毕竟有些差别。

第二章

人类物种问题以及古基因组和古蛋白研究

我在台湾清华大学教书时，常爱问大学生和研究生一个问题："如果有一天有个外星人来到地球，问你是什么物种的人类，你要怎么回答？"不少同学大概从未想过自己是什么"物种"，竟答不出来。标准答案当然是——智人。

智人这个物种，以往说是大约 20 万年前在非洲演化而成的，但 2017 年《自然》科学期刊中有一篇研究报告说，在北非摩洛哥发现的一些智人化石，用最新的测年法测定，有大约 30 万年的历史。于是智人的历史，又可往前推 10 万年，[15] 跟以往教科书上所说的不同了。人类的演化史，常常会因新发现而不断被改写，须时时留意最新的研究成果才行。

自从 600 万年前"缠绵"分手后，人跟黑猩猩就像一对分手后的情人那样，各自走上不同的演化道路。我们对"旧情人"黑猩猩后来的演化历程所知甚少，主要是因为它的化石出土太少了，只有几颗牙齿（见第一章）。

我们对人类跟黑猩猩分手后的演化过程倒是略有所知，主要是因为人的化石比较多一些。然而，这些人骨化石大部分都很残缺，往往只有一个头骨、一小段腿骨、一小根手指之类。欧美古人类学界有个笑话——你可以把好几个人类物种的化石装在一个鞋盒里，还放得下一双好鞋。但幸好还有少数几种化石比较完整，例如知名的阿法南猿露西（见第四章），以及非洲直立人图尔卡纳男孩（见第五章），他们对我们研究人类演化帮助很大。

出土的人骨化石，该怎样定物种，取学名，是个容易引起争论的问题。比如，我们常常听到地猿、南猿、直立人、尼安德特人等名词，好像人有许多个物种，让人眼花缭乱。本章就从物种的角度来讨论人骨化石的若干课题，以及最新的古基因组和古蛋白研究如何改写人类演化的历史。

一、物种问题

人到底有几个物种？套用一句常用的话：这要看你如何界定"物种"。你是指迈尔生物种概念下的生物种，还是指形态种概念（morphological species concept）下的化石种？如果你是指生物种，那答案是：不知道。如果你是指化石种，那答案是：大约 25 种。

我们可以肯定的是，目前在地球上，其他人类物种都已经灭绝，人只剩下单一物种了，那就是我们这种智人。不管是东方人（体形比较瘦小，眼睛大多为棕色，头发大多为黑色），欧美人（体形比较高大，眼睛颜色多样化，有蓝色和灰色等，且多为高鼻深目），还是非洲人（皮肤黑褐色，头发有些鬈曲），他们各有各的长相，但都属于智人，属于同一个物种。

何以证明我们今人都是同一个物种？很简单。用迈尔的生物种概念（见第一章），不管是东方人、西方人、非洲人，还是白人或黑人等，只要双方合意，看对眼，都可以互相自然交配，并生下有生育能力的后代（这点很重要）。既然彼此可以进行基因交流，没有迈尔所说的"生殖隔离"，那么我们今人就是同一个物种。

再从基因证据看，目前地球上的不同人口，如东亚人和欧洲人，其基因高达 99.9% 相同，只有约 0.1% 的微小差异。这种差异，学者称之为"人类差异"（human variation，又译为"人类变异"）。这是一门专门的学科，可以在大学开课，有教科书。[16] 幸好人类有这样的微小差异，如果人的基因 100% 相同，全世界的人都长得一模一样，那就仿佛是克隆人（复制人）或机器人了，多可怕。两个人的基因完全相同，只见于同卵双胞胎，只有他们才长得完全相同。另一种双胞胎——异卵双胞胎——则长得很像，但不完全相同。

其实，这也是任何生物都会有的现象，也被称为遗传变异（genetic variation）。比如，非洲狮子是同一个物种，但研究狮子的专家会告诉你，每一头狮子长得都不太一样。人的差异，主要表现在皮肤、眼睛和头发颜色的不同，以及体形、身高、脸部特征的不同上。然而，这种差异目前还没有大到足以形成不同的物种。我们暂时不必担心。但假以时日，比如说10万年，亚洲人和欧洲人有可能会演化成不同的物种，无法自然交配，或交配后生下的孩子无法孕育下一代。

想想看，假设现今在地球上生活的70多亿人不是同一个物种，那么会产生什么后果？后果很严重。有些人会不愿意跟另一些人交往、结婚和交配。即使他们交配，也会生下没有生育能力的下一代，或有基因缺陷的畸形婴儿。不同的人类物种，是否也要组成不同的国家、政府、学校和医院？他们可能也会互相仇视、残杀。那就天下大乱了。世界各国政府恐怕也要规定，每个人在结婚之前必须进行基因筛检，以确定男女双方是同一个物种，才能给他们发放结婚证。

然而，在过去数百万年前的某些时段，我们的地球的确有过好几个物种的人类同时生活在相同地区的现象。比如，在非洲，三四百万年前，南方可能生活着非洲南猿和南猿源泉种，中部可能生活着始祖地猿。他们如果"不小心"在同一个地方碰面，可能马上会意识到，对方跟我为不同物种，最好赶紧避开，更不要说去交配了。或者，他们可能把不同物种的对方杀害，当成晚餐。

不过，非洲南猿、南猿源泉种和始祖地猿，是否为不同物种（生物种），我们其实不知道，因为目前没有任何基因证据。现在仅有的证据，是他们出土的化石。我们只能从化石的形态特征知道他们长得不太一样，是不同的化石种，但无从知道他们是否有生殖隔离，会不会自然交配。除非有一天，基因学家有本事为数百万年前的人类化石进行古基因组测序，才能确定他们有没有交配过，他们的共同祖先是谁，以及他们的演化关系是怎样的。

2013年，科研人员成功为一个约70万年前的马腿骨化石做了完整的基因组测序，震惊科学界，并厘清了马在演化史上的许多奥秘。这对人类演化的研究很有启发。2016年，科研人员从西班牙知名的"骨骼坑"洞穴一个43万年前的人族成员化石中成功取得核基因和线粒体基因（但还不是全基因组）来做分析，结果揭示他接近尼安德特人。2021年2月，瑞典科研人员又有了新的突破，在西伯利亚东部长年冻土中保存的三根猛犸象象牙中成功提取了距今超过100万年的古基因组，从而对猛犸象的演化历史有了新的认识。

由此看来，在未来几年，古基因学家有可能为100万年或更古老的人族成员化石做全基因组测序。到时候，人类身世之谜就可以被进一步揭晓了。人类演化史又将被大大改写。

二、人类的化石种

2013 年 11 月，在南非约翰内斯堡市郊一个地下洞穴中，科研人员发现了一大批人类化石。由于洞穴的地下通道十分狭窄，体形较大的男性无法通过，因此古人类学家博格（Lee Burger）组织了一支探测队，特别在脸书和推特等社交媒体上刊登广告，面向全世界招募"身材瘦小、有考古学或古生物学背景，又有攀爬洞穴经验的女性"，最后请到了六名女性，进入洞穴取出化石。在化石被取出之前，大家纷纷猜测，这会是哪一个物种的化石：是像猿（apelike）的南猿属，还是像人（humanlike）的人属？当一个头骨碎片被取上来时，博格看了看，马上宣布这是人属。[17]2015 年，它被命名为纳莱迪人。[18]换句话说，它比较像人（指我们这种智人），而不像猿（指黑猩猩）。

"像人"和"像猿"是古人类学界常用的两个词，特别是在英文的论述中。这意味着，学者常常把出土化石跟今天的黑猩猩和人类相比。如果"像猿"，那么这个化石就是比较古老的物种，要放到南猿或更古老的地猿属去。如果"像人"，则放到人属。

截至本书完稿日，古人类学家在非洲和其他地方找到大约 25 种人类物种的化石，并且为它们一一取学名，定它们的"属"和"种"（详见附录一）。这表示人类在过去 600 万年曾经有过约 25 个物种，但他们都一一灭绝了。现在，地球上只剩下唯一物种——我们这种智人。

每当有一种新的人类化石出土，古人类学家往往喜欢宣称，他们发现了一个崭新的人类物种。媒体也趁机把它炒作成新的"缺失环节"（the missing link），以至于人的物种好像越来越多了。实情是否如此呢？人类真的有那么多个物种吗？

我们好奇的是：学者为某一出土化石取学名，定物种，用的是什么方法、什么标准？答案是：用的是形态学（morphology）和解剖学的方法。他们往往根据化石的形态和解剖学特征来做判断，而不是用基因学方法或生物种概念。

相比之下，生物学家现在要判断两种活的生物是否为同一物种时，常用基因学方法以及生物种的概念，不再以形态学上的相似度来做判断，因为样貌相似是极不可靠的。例如，美国的国鸟白头海雕（见图 2.1），跟墨西哥、奥地利等国的国鸟金雕（见图 2.2）长得像极了，但它们是不同的物种。

这意味着，古人类学家所说的地猿、南猿和直立人等，并不是真正的生物种，而只是化石种（fossil species），纯以化石来做物种分类，用的是一种形态学的物种概念，跟迈尔的生物种概念相对。这是不得已的办法，因为除了我们这种智人外，早期的人类都已灭绝了，目前还无从得知他们的基因组是否相同，是否曾经互相交配过，是否有生殖隔离，只能用形态学和解剖学的老方法了。

图 2.1　美国的国鸟白头海雕（Andy Morffew/CC 2.0）

　　古人类学家根据形态上的差异，几乎把每一种新出土化石说成是一个新物种，这恐怕也跟学术界的生态有关。因为，如果你发现的化石是一个已知的、已被命名的物种，那好像不怎么样，你的学术贡献也远远不如你发现了一个新物种那么大。这就是为什么古人类学家有一个常见的倾向，那就是，他们往往过于强调化石形态上的小小差异，比如大臼齿差了几毫米，或头骨看起来比较原始，并根据这样的形态差异，把他们新发现的化石说成是一个新的人类物种，以彰显这个发现有多么重

图 2.2　墨西哥等国的国鸟金雕（J.Glover/Wiki Commons）

要。但这也导致人类化石种的数量越来越多。事实上，人类真正的生物种数量应当不像化石种数量那么多。

这也是为什么学者对出土人类化石的解读常常有争议。例如，2002 年，乍得撒海尔人的出土研究报告刚发表时，发现者米歇尔·布吕内（Michel Brunet）认为，它属于人类谱系的人族成员。[19] 最重要的证据是，它头骨的枕骨大洞位置偏向脑前方（黑猩猩等猿类的则偏向脑后方），这证明乍得撒海尔人能双足行走（详见第三章）。双足行走是人类最重要的标志，跟黑猩猩等巨猿以四肢指节行走有别。

然而，沃尔波夫（Milford H. Wolpoff）等反对者则认为，乍得撒海尔人只有头骨出土，下半身的骨盆、腿骨和脚骨没有被找到，还不足以完全证明它能双足行走。它的脸部特征又太"像猿"，太原始。它不应当属于人的谱系，而应当是个"猿"。[20] 实际上，学界目前分成两派，一派叫"主合派"（lumper），另一派叫"主分派"（splitter）。主合派认为，那些看起来略有差异的化石可能并不代表两个物种，而是一个，应当尽量综合。主分派则主张，分得越细越能描述化石，但结果是人类的化石种越分越多。

2010 年，尼安德特人的古基因组研究成果终于被公布了，再次凸显这个古老的物种问题。从此，尼安德特人不只是化石种，也可算是生物种了，因为他的基因组被破解了。

三、尼安德特人、丹尼索瓦人和智人

长久以来，人类演化史上的一大悬案是：智人在大约 6 万年前走出非洲，来到亚欧大陆时，有没有跟当时还住在亚欧大陆的尼安德特人交配过？过去数十年，这个悬案无解，因为没有证据，只有各家的猜想。

2010 年，这个悬案终于被解开了，而且证据确凿。德国马普演化人类学研究所所长、古基因学家斯文特·帕玻（Svante Pääbo，见图 2.3）的研究团队在当年 5 月的《科学》期刊上发表研究报告，揭露了尼人之谜，成功为尼人的整个古基因组测序。虽然这只是个"初稿"，[21] 但已让世人惊讶。2014年年初，帕玻团队以在阿尔泰山脉洞穴发现的一个尼人女性脚趾骨，再为尼人做了更详细、全面的基因组测序。[22] 2017年，他们又为在克罗地亚洞穴发现的一个尼人女性遗骨做了高覆盖率的基因组测序，获得了尼人的更多基因信息。[23]

帕玻团队和其他科研人员把尼人的基因组跟现代人的进行比对，发现今天欧洲人、亚洲人和非洲大陆以外的其他人竟带

图 2.3　德国马普演化人类学研究所所长帕玻（Frank Vinken）

有 1%~3% 的尼人基因。这就证明，尼人曾经和现代人的祖先交配过，双方有基因交流，而且产下了有生育能力的下一代，所以才能把他们的基因遗传到我们今人身上。[24]

这意味着什么？这表示，尼人（见图 2.4）跟我们今人一样，应当属于同一个物种。这令不少学者大跌眼镜。今后，我

图 2.4 尼人造像（美国史密森尼自然历史博物馆）
根据 1957 年在伊拉克沙尼达尔洞窟出土的沙尼达尔 1 号尼人头骨重建。他长得是不是很像现代智人？

们是不是应当把尼人改列为智人的一个亚种？

按照迈尔的生物种概念，能够自然交配，并且能生下有生育能力的下一代，就是同一个物种。尼人曾经和我们的祖先交配过，以至于今天几乎每个智人身上都还带有尼人的基因。这不就证明双方没有生殖隔离吗？双方都有性的吸引力，可以自然交配。双方也完成了基因交流：我的基因中现在有了你，你的基因中也有了我。[25]你我不就是同一个物种吗？

帕玻的研究团队发现，今天非洲人的基因里没有尼人的基因。因为尼人的活动范围扩散到西亚和欧洲，在大约 3 万年前灭绝，但从未到过非洲，未曾和非洲的智人交配过，没有基因交流，所以今天的非洲人自然不会带有尼人的基因。

不过，这一点需要厘清，因为 2020 年 2 月，美国普林斯顿大学的一支研究团队利用一种新的基因分析法发表了一项最新研究，显示非洲人其实普遍带有尼人的基因。这不是因为尼人曾经到过非洲，而是因为那些在近东等地居住的现代智人跟尼人交配后，其后代重返非洲。这些后代的后代又跟本土非洲人交配，结果便把他们身上已有的尼人基因传给了非洲人。[26]

帕玻团队还有一个重要的贡献。他们在西伯利亚阿尔泰山脉丹尼索瓦洞穴出土的一个小女孩手指骨中意外发现了一种新人类，其基因不同于尼人，也不同于现代人。该团队以出土洞穴的名字将她命名为丹尼索瓦人。[27]在东南亚及大洋洲 33 个族群的基因中，有部分遗传自丹尼索瓦人。[28]今天的藏族人也从丹尼索瓦人那里遗传到一个叫 EPAS1 的基因，让他们可以适应高山缺氧的生活。[29] 这意味着，丹尼索瓦人很可能是广泛散居在整个亚洲（包括现今中国）的一个物种（更多详情，见第五小节）。

问题是：尼人、丹尼索瓦人是否跟现代人（智人）属同一个物种？帕玻本人对这问题不愿正面回答。美国《科学》期刊的记者吉本斯（Ann Gibbons）采访他时，他说："我想，争论什么是物种，什么是次物种，都是徒劳无益的学界之事。"所以帕玻不愿把他团队发现的新人类定为新的人类物种，只称之为丹尼索瓦人，刻意不给他取个物种学名。他说："为什么要表明立场（定物种）？这只会引发更多的争论，而又没有人可以做最后的判决。"这个做法是值得赞赏的。

然而，吉本斯采访美国威斯康星大学麦迪逊分校分子人类学家霍克斯时，霍克斯很明确地说："他们互相交配过，我们就叫他们同一个物种。"[30] 但也有一些学者认为尼人和智人不是同一个物种。[31]

专门研究物种形成的科因（Coyne）在博客中对这个物种问题有相当详尽的讨论，值得细读。他的结论是，他同意霍克斯的看法：尼人、丹尼索瓦人和我们现代人，都是同一个物种（智人）的成员。[32] 或许，他们之间的差别，就像现今亚洲人和欧洲人的"人类差异"罢了，并没有大到足以形成新的物种。

尼人有不少化石在欧洲出土，从中透露出他们的体形不同于现代人，脑容量甚至比现代人还大，但他们依然可以跟现代人的祖先完成基因交流。这显示，尼人和智人原本属于同一个物种，交配时可能正处于漫长的分化过程当中，但又还没有完成分化，没有产生彻底的生殖隔离，还可以进行交配，所以还属于同一物种。

四、基因交流的结果

过去，科学家、科幻作家和历史小说家常常幻想，如果有办法让一个尼人复活，让他去跟一个现代女子交配，会产生什么样的"爱情结晶"、什么样的"怪胎"？其实，这样的"实验"早已经被做过了。早在五六万年前，在中东地区和欧洲，尼人男子就曾经跟不少智人女子交配过，智人男子也曾经跟不少尼人女子交配过。其结果是，现代智人男女都带有1%~3%的尼人基因，并没有产生什么"怪胎"。

尼人和智人交配，虽然可以产生有生育能力的后代，但最新的两项研究揭示，他们孕育的后代生育能力比较差，特别是男性。[33] 这也显示，尼人和智人并非"完美的配偶"。双方正处于即将分化的边缘，快要走向生殖隔离了。

有一个问题是，据目前所知，尼人未曾到过东亚，何以现今的东亚人，包括中国、印度、日本和朝鲜半岛以及东南亚和大洋洲人，仍然带有约 1%~3% 的尼人基因？古基因学家的解释是，智人是在西亚地区和尼人交配的，但这些智人的后代又继续扩散到东亚，所以也把尼人的基因带给了东亚人。

尼人的基因遗传给现代智人，有什么影响？科研人员目前正在积极探讨这个问题，发现其影响有好有坏。好的比如"能帮助现代人较快地适应亚欧大陆较冷的环境"，坏的则如"使现代人对糖尿病、肝硬化、红斑狼疮、局限性肠炎等疾病更加敏感，而且对吸烟更容易上瘾"。[34]

近年来，古基因研究取得不少令人惊喜的新成果。除了发现尼人曾经和智人交配过之外，还发现丹尼索瓦人曾经跟尼人以及智人有过基因交流。在晚更新世，也就是大约 10 万年到 3 万年前，欧洲和亚洲同时存在着三大人类物种（化石种）——尼人、丹尼索瓦人和智人，且三者之间的交往和交配相当频繁。

最新的戏剧性研究发现，是在 2018 年 8 月。《自然》杂志发表了一篇报告：帕玻的研究团队成功为 9 万年前活在西伯利亚阿尔泰山洞的一个 13 岁少女的化石（见图 2.5）做了完整的古基因组测序——她的身上带有约 40% 尼人妈妈的基因，也带有约 40% 丹尼索瓦人爸爸的基因。这等于说，她从父母那边各遗传到一套完整的染色体——她是尼人和丹尼索瓦人交配所生的第一代混血儿。[35]帕玻对采访者开玩笑说："证据如此直接，我们几乎像是当场抓到他们正在干那个事。"英国

图 2.5 西伯利亚阿尔泰山洞 9 万年前一个 13 岁少女的化石碎片，经全基因组测序，显示她的妈妈是尼安德特人，爸爸是丹尼索瓦人（Thomas Higham/Oxford）

伦敦一位人口基因学家史果伦特（Pontus Skoglund）则说，他很盼望可以见一见这个少女。"在那些基因组被测过序的人当中，她可能是最令人着迷的一个。"[36]

五、夏河出土的丹尼索瓦人化石

丹尼索瓦人是个颇为神秘的物种。其出土化石极为零碎，只有一件手指骨碎片、两颗孤立牙齿和一件牙齿断块，以及丹尼索瓦人和尼安德特人的第一代混血儿骨骼碎片，且全部出土于俄罗斯西伯利亚阿尔泰山区的丹尼索瓦洞穴。我们对这个物种知道得比较详细，主要是靠零碎化石所提供的全基因组数据。这有点儿像中国的元谋人，只有两颗牙齿化石出土（但还没有全基因组数据）。

不过，2019 年 5 月 1 日，英国《自然》杂志发表了一篇重要的研究报告，公布了丹尼索瓦人的半个下颌骨和两颗臼齿的化石。它们出土于青藏高原的甘肃夏河县甘加盆地白石崖溶洞，最初是在 1980 年被一位僧人发现的。[37] 这半个下颌骨和臼齿，终于可以让我们一窥丹尼索瓦人的一点点样貌。一位西班牙古人类学家说，丹尼索瓦人现在有了"笑容"（见图 2.6）。

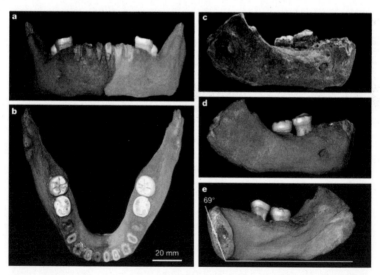

图 2.6 夏河出土的丹尼索瓦人下颌骨化石。灰色部分为缺失的另一半下颌骨的虚拟重建（兰州大学张东菊）

这项科研发现由陈发虎院士领衔的兰州大学环境考古团队以及几位西方专家合作完成，有几个重要意义。

第一，丹人的化石，从前只在俄罗斯那个丹尼索瓦洞穴出土，但如今也在青藏高原地区被发现，这显示丹人的分布范围很广，很可能散居整个东亚和东南亚，甚至大洋洲。这也表示，东亚地区当时的人口结构，远比我们目前所知的更为复杂——可能有好几个物种同时共存。从前某些在中国出土的化石，也有可能是丹人化石，但是没有经过全基因组测序或最新的古蛋白质分析，因此被"误判"为其他物种。例如，在台湾澎湖水道海域打捞到的澎湖一号（又称"澎湖原人"）下颌骨（见图2.7），"台湾第一个古老型人属"[38]，就有一些特征类似这个夏河下颌骨，可能也是个丹尼索瓦人的化石。

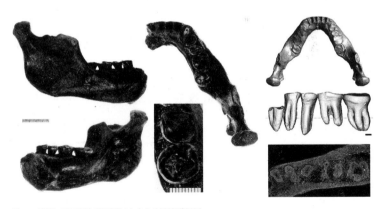

图2.7　澎湖一号下颌骨（张钧翔／台中自然科学博物馆）

第二，这个夏河人下颌骨化石无法提取古 DNA，无法做全基因组测序，但研究团队成功萃取了他牙齿中的古蛋白质来做分析，可以证实他是丹人。这是第一个通过古蛋白分析确认身份的人族成员。东亚有不少化石，可能因气候等因素无法保存古 DNA，但可能还可以萃取化石中的古蛋白来做分析。这种新方法将来有望被用于确认其他不明化石的身份。

古基因方法一般只适用于 50 万年以内的化石。超过 50 万年，化石中的基因很可能就无法被解读。但古蛋白方法可分析 50 万年以上的牙齿化石。例如，丹麦哥本哈根大学的一支研究团队就成功利用古蛋白方法，分析了约 80 万年前一个先驱人的牙齿化石，从而更确定，先驱人是现代智人、尼安德特人和丹尼索瓦人共同祖先的近亲。[39]

第三，经铀系测年，夏河化石的年代为距今 16 万年前，是在青藏高原发现的最古老的人类化石。这表示丹人在 16 万年前已抵达青藏高原，比我们先前所知的智人在大约 4 万年前才抵达青藏高原提前了约 12 万年。丹人这么早抵达，意味着他们有许多时间去成功适应高海拔的低氧环境，并且通过交配，把这种适应能力（具体表现为一种基因突变）遗传给后来抵达青藏高原的智人。这可以解释，何以今天的藏族人普遍带有这种源自丹人的突变基因 EPAS1，可以在低氧的环境中生活。

六、古人类学研究方法的日日新

丹人的发现过程及其研究方法，给我们最大的启示和感叹是，现今古人类学的研究方法真是日日新。从前研究古人类学和人类演化史，只有出土化石可用，但现在，单靠出土化石，绝对不足够。我们绝不可满足于出土化石，而不理其他。以丹人为例，这个新的人类物种最初并不是在出土化石中被发掘出来的，而是在古基因组中，被帕玻的研究团队意外发现的。2019 年，夏河下颌骨的研究，又在古蛋白分析下取得了更多的研究成果。除此之外，还有没有更"新奇"的？

有，那就是基因甲基化（DNA methylation）方法。甲基化是基因化学修饰的一种形式，能够在不改变基因序列的前提下，改变遗传表现。对非专家而言，这恐怕难以理解。简单具体一点说，科研人员可以根据某一人类物种的基因甲基化模式分布图，去推算这个物种的身体解剖学特征。以丹人为例，他的出土化石非常稀少，只有一些碎骨和夏河那个下颌骨，如何重建他的脸部样貌呢？然而，丹人有全基因组数据，于是以色列希伯来大学的一支研究团队利用这个基因组的甲基化模式分布图，重建了丹人的样貌（见图 2.8）。该研究团队发现，丹人的头颅比尼人或智人的更宽，他们的牙弓比较长，而且没有下巴。丹人长得也很像尼人，骨盆宽大，前额低矮，下颌突出。[40]

图 2.8　用基因甲基化方法重建的丹尼索瓦人样貌（Maayan Harel, *Science*）

　　问题是，根据这个方法重建的解剖学特征有多可靠？这支以色列的团队首先做了两次试验。他们把这个方法用于两种解剖结构已知的生物——尼安德特人和黑猩猩上，准确率达到约85%。然后，他们才用它来重建丹人的解剖结构。

　　研究历时三年才完成。他们把研究报告投到美国知名的《细胞》（*Cell*）期刊。在等待审查结果期间，正好夏河那个下颌骨的研究报告被公布了。于是，他们又用这个方法去"预测"丹人的下颌骨长什么样子。最令他们兴奋的是，团队的预测跟出土的丹人下颌骨几乎完全吻合。至于中国出土的许昌人，过去已有中外学者怀疑，他很可能是丹人。于是，这个以色列团队也把同样的方法用于许昌人，显示许昌人是丹人。

　　这项成就开启了古人类学研究的另一个新方向。正因为它把丹人从前谜一般的样貌如此真实地呈现在世人眼前，它也被美国的《科学》期刊遴选为 2019 年十大科研突破第二名。

七、人类演化并非线性的

过去的教科书都喜欢把人类的演化描述成线性的。例如，最古老的是黑猩猩，它演化为南猿（在 2009 年以前，地猿的材料还没有发表），然后南猿演化为能人，能人再演化为直立人，直立人又演化为尼人，最后才到我们这种智人，如图 2.9 所示。换句话说，这是一种线性演化。

然而，现今的演化学者参考其他物种的演化历史，早已放

图 2.9　过时的线性人类演化图 (Rudolph Zallinger/Wiki)

弃了这种线性演化的模式，认为人类的演化跟其他生物的演化一样，应当是"分枝式"的，像大树的分枝一样。[41] 按照迈尔和他学生科因的物种形成机制，一个物种如果没有走到死巷，曾经分化，一般会分裂为两个甚至更多个物种，就像人和黑猩猩，是从同一个共祖分裂出来的一样。以直立人为例，学界过去的"标准"说法是，直立人演化为智人。然而，帕玻等团队所做的古基因组研究显示，直立人很可能分裂成尼安德特人、丹尼索瓦人和智人三个人类物种。这也符合迈尔和科因的物种形成分裂说。

换句话说，在古基因组和古蛋白研究的影响下，人类的演化历史以及各物种之间的演化（遗传）关系，变得越来越不能确定了。线性的演化图固然早已被放弃，由分枝树状图取代，后来又发展出支序系统（cladistic）图。然而，在基因组时代，这些演化图恐怕都不太可靠了。学界对各人类物种之间的演化关系，目前仍然存在种种争议。因为这些都是化石种，古基因学家还没有办法从化石中取得它们的基因材料。没有基因证据，就无法证明它们的演化关系，只能存疑。像现今的亲子鉴定，若要法院将其接受为证据，就必须有父子两人的 DNA 数据才行，不能光凭儿子的样貌长得像父亲，就说他们有父子关系。

目前还有另一个常见的做法，就是不再以树状图或支序分类图来呈现人的化石种的演化关系，而只按照各化石种的大致生存年代来排列其先后次序。例如，乍得撒海尔人生活在约720万到600万年前，成了最古老的人类物种，便排在第一位，以此类推。英国伦敦自然历史博物馆的那张人类家族图[42]，就是按照这个方法制作的。此图没有显示各化石种之间的演化关系，没有显示直立人是从南猿演化而来的，也没有显示尼人或智人是从什么人类物种演化而来的。它只列出各化石种的生存年代，然后按此年代排列人类物种。这是比较谨慎可取的做法，因为各化石种的遗传关系其实仍有许多争议，并不清楚，但它们的年代基本上还算可靠。本书附录一《人类物种一览表》，也按这个办法排列。

从这些化石的时代和形态来看，人的演化是一个从"像猿"慢慢演化为"像人"的过程。在我们这个基因组研究盛行的新时代，测序成本大幅降低，测序机器越来越快速精良，各种测序数据纷纷发表，人类演化的历史，反而变得越来越复杂了，远非过去教科书所讲的那么简单。我们需要考虑到从前被忽略的种种因素，并耐心等待更多化石和古基因组证据的出现。

为了本书接下来的讨论方便，我把至今发现的25个人类化石物种分为三大类：（一）早期人族成员，包括乍得撒海尔人（杜迈）、土根原初人（千禧人）和始祖地猿（阿尔迪）等；（二）南猿属，包括细小南猿和粗壮南猿种，特别是阿法南猿露西；（三）人属，主要以直立人为代表（特别是图尔卡纳男孩），以及尼安德特人和现代智人（见本书附录一）。

附注：

　　本书所用的人类物种中译，主要根据吴新智的译名，见他和徐欣合写的《探秘远古人类》（北京：外语教学与研究出版社，2017 年 5 月第 3 次印刷），以及他发表在《人类学学报》上的专业论文。吴新智的译名和国内其他学者及报纸杂志上所取的可能略有不同。目前并无一套标准统一的译名。

第三章

最早的人族成员和双足行走

——人最重要的标志

我大女儿从深圳发了几张她女儿晨钰的照片给我看。原来我这个外孙女如今 10 个月大了，正在学习站立起来走路。当时，我正紧张兮兮地撰写本章，日日夜夜想着人类和其他动物最不相同的、最重要的一个差别——双足行走。看了外孙女两条小腿直立的照片，我不禁在想：晨钰不正是个双足行走的智人吗？这好像是稀松平常的事。其实，从人类演化史上看，晨钰的双足行走、她的骨盆和下肢骨的形态构造，可一点都不简单，因为那是人类经过六七百万年的演化才完成的。

双足行走是人类跟黑猩猩分手后演化出来的第一项本领。于是，它就成了人最重要的标志，是个"黄金标准"，可用来分辨何者为人族成员化石，何者为猿类化石。从前的古人类学家认为，人最重要的特征是会制作工具（石器），但后来发现黑猩猩也会制作一些简单工具，这个说法便不能成立了。至于其他特征，如人有语言，人会"劳动"，等等，也都不如"人会双足行走"那样清楚明白，且可以在化石腿骨形态上得到证实。

如果要用最简单的一句话来描述人类的演化史，该怎么说？最简单的说法就是：人从最初"像猿"的阶段，一步一步演化成"像人"的样子。六七百万年前，在最早期人类的阶段，我们的祖先刚刚跟黑猩猩的祖先分手时，长得有九分像猿，慢慢学会双足行走，但走得不是太好。到了三四百万年前，在南猿属的时代，人双脚直立，走得比较好，省力，但样貌手脚等方面还是有七八分像猿。

一直要到约 200 万年前直立人的人属阶段，人才开始长得像人，有些"人样"了，双脚也走得几乎跟现代人一样好，终于跟猿划清了界线。如此又经过了大约 180 万年的演化，到了 30 万—20 万年前，像我们这种现代智人，才终于出现在地球上，并且在过去 6 万年间征服了整个世界，成了地表上最聪明、最有本领的物种。

一、四种最早的人族成员

一提到最早的人族成员，许多人可能会立刻想到著名的阿法南猿露西。她是 1974 年在非洲埃塞俄比亚出土的，保存了相当完整的骨骼，大约 40%。她也是第一位被证实能够双足行走的早期人类。正因为这点，传统教科书一提到双足行走，就以露西来做例子。于是数十年来，她在古人类学界出尽了风头，无人能比。然而，露西生活在 320 万年前，距离人和黑猩猩分手的 600 万年前，还有整整 280 万年。这期间发生了什么事？不知道。因为有很长一段时间，一直没有比露西更早、更完整的人类化石出土。大家也就一直以为，人类的历史只有大约 320 万年，以露西为起点。

幸好，从 2000 年开始，终于有了至少四种比露西更早的人类化石被发现或被公布，从此把露西的称霸地位推翻了。其中最古老的一种化石——乍得撒海尔人杜迈，更是把人类的历史上推到六七百万年前，几乎跟人和黑猩猩分手的时间相同。更有意义的是，这四种最古老的人族成员都显示他们能够双足行走。从此人类双足行走的历史，也从露西的 320 万年前上推到六七百万年前了。

学界在讨论人的双足行走时，都有一个基本假设：人和黑猩猩的共祖是四足行走的。2000 年的一项研究提出进一步的证据说：人是从一个四足行走的祖先演化而来的。[43] 因此，在人类演化历史上，人的双足行走是一个重大的演化、一个崭新的起点，值得大书特书。

（一）乍得撒海尔人（杜迈）

2001年夏天，法国古生物学家布吕内领导的探测队在非洲中部国家乍得的北部、撒哈拉大沙漠以南的地方，发现了乍得撒海尔人的化石，包括一个相当完整的头骨（见图 3.1），以及一些下颌骨和牙齿等。该团队以乍得当地的语言，给他取昵称为杜迈（Toumaï），意即"生命的希望"。其发现地点如今是一片沙漠，但在杜迈生存的时代，那里是一片疏林，靠近一个大湖。

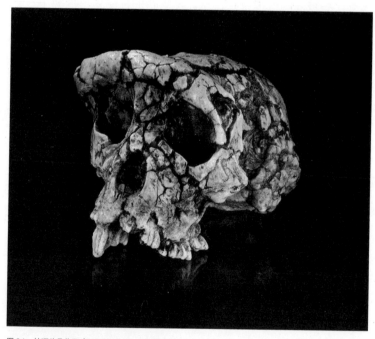

图 3.1　杜迈头骨化石（Didier Descouens/ 创用 CC）

图 3.2　杜迈重建的头像（Christoph Zollikofer）

　　杜迈生前住在开阔的疏林，这点跟黑猩猩的祖先住在封闭的大森林大不相同。这表示杜迈（或其祖先）曾经走出森林，来到疏林生活，跟黑猩猩分离，属于人类谱系。

　　杜迈化石的年代约 720 万到 600 万年前，跟近年来基因组学家所测得的人类和黑猩猩分手的时代非常接近。因此，发现者宣称，这是人类谱系最古老的化石。但要成为人类的化石，首先必须证明，杜迈能够双足行走，否则这有可能是黑猩猩或其他猿类的化石。

　　在杜迈之前，人类化石的出土地点，几乎都在过去号称"人类摇篮"的东非大裂谷地区。但杜迈却在非洲中部的乍得被发现，离大裂谷有大约 3 000 千米远，显示古人类在非洲的分布，要比以往所理解的广泛，也推翻了法国古生物学家伊夫·科庞（Yves Coppens）1994 年提出的那个风行一时的"东区故事"理论：800 万年前，东非大裂谷的形成，造成人类和黑猩猩分隔两地——人留在大裂谷以东，黑猩猩被分隔在大裂谷以西，各自演化，以至于形成两个物种。[44]杜迈被发现后，科庞在 2003 年宣判他的"东区故事"理论无效。

杜迈的枕骨大洞连接脊椎的地方跟现代人一样，偏向脑前方，而不像黑猩猩或其他四足行走的猿类那样，偏向脑后方。单凭这一点，足以证明杜迈可以双足直立。发现者和其他学者也根据这一点宣称杜迈是目前人类史上第一个双足行走者。[45]

可惜的是，杜迈头骨以下的骨骼没有被发现，所以无法判断他走路的真正姿势如何。有学者就抓住这点，认为杜迈还不能被认为是双足行走者，证据还不够。直到 2018 年年初，此事还有一些后续的争议风波。[46]不过，整体而言，学界目前主流的意见是：杜迈能够双足行走，但步伐可能很原始，不如后来的南猿那样稳健。

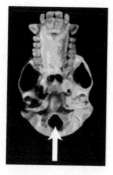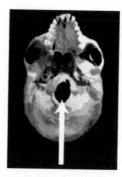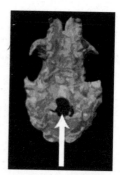

图 3.3 黑猩猩的枕骨大洞偏向脑后方（左），现代人的偏向脑前方（中），杜迈的也比较偏向脑前方（右）
（公有领域）

（二）土根原初人（千禧人）

2001 年，法国和肯尼亚的一支联合探测队宣布，他们 2000 年在肯尼亚土根山脉四个地点发现了十多个化石，分属至少五个人，年代约为 600 万年前，取名为土根原初人，昵称千禧人。出土的股骨（见图 3.4）证实，千禧人在平地上能双足行走。他的肱骨（肩到肘之间的上臂骨）和弯曲的手指

图 3.4　土根原初人的股骨证实他能双足行走（美国史密森尼自然历史博物馆）

骨，则透露出他善于爬树。化石出土地点显示，千禧人生活在一个有树木的疏林，而非热带稀树草原。[47]

化石最初被公布时，发现者马丁·匹克福特（Martin Pickford）和瑞吉特·森努特（Brigitte Senut）宣称，千禧人不但能双足行走，而且牙齿很像人属，股骨也比露西和其他南猿更像现代人，所以千禧人才是人属的直接祖先，南猿反而是绝种的侧系。这引起学界的不少争议。几年后，发现者邀请第三方的专家来重新评估。他们测量了千禧人出土的股骨，再跟其他物种的股骨比较，证实他的确能够双足行走，但他的股骨形态不同于猿类或人属，反而最像南猿属。[48]

（三）始祖地猿（阿尔迪）

始祖地猿（阿尔迪）的化石（见图 3.5），早在 1992—1994 年，就由美国加州大学伯克利分校怀特的研究团队在埃塞俄比亚发现，但最初只有一个简报。详细的研究报告一直要到 15 年后，才在 2009 年的《科学》期刊上被公布（见图 3.6）。

杜迈有头骨，千禧人有股骨和肱骨，但都没有脚骨传世，不容易重建他们行走的确切姿态。幸好，阿尔迪保存了相当多的下半身骨架，不但证实她能双足行走，而且让我们可以一窥大约 440 万年前人类的行走方式。[49]

其中最特别的一点是阿尔迪的脚趾（见图 3.6 和图 3.7）。

图 3.5　始祖地猿（阿尔迪）
的 出 土 骨 架（Tim White/
Science/Fair Use）

　　阿尔迪的脚趾跟现代人的很不一样，是可以转动的，好像
今人的拇指一样，可以跟食指合用抓东西。这表示，她善于爬
树，可以用这种灵活的脚趾来抓住树干，帮助她往上爬。[50] 这
意味着，最早期的人类走出雨林，来到疏林生活时，不一定整
天在平地上活动。他们很可能花不少时间栖息在树上，特别是
在晚上睡觉时，以避开野兽的攻击。善于爬树的动物，前肢
（手臂）都比较长，且强壮发达，手指骨特长而弯曲（像黑猩
猩的）。其后肢（腿脚）则比较短，以双足行走时，走得像猿
类那样，重心不够稳定。

BREAKTHROUGH OF THE YEAR

Ardipithecus ramidus

A rare skeleton draws back the curtain of time to reveal the surprising body plan and ecology of our earliest ancestors

ONLY A HANDFUL OF INDIVIDUAL FOSSILS HAVE become known as central characters in the story of human evolution. They include the first ancient human skeleton ever found, a Neandertal from Germany's Neander Valley; the Taung child from South Africa, which in 1924 showed for the first time that human ancestors lived in Africa; and the famous Lucy, whose partial skeleton revealed a key stage in our evolution. In 2009, this small cast got a new member: Ardi, now the oldest known skeleton of a putative human ancestor, found in the Afar Depression of Ethiopia with parts of at least 35 other individuals of her species.

Ever since Lucy was discovered in 1974, researchers wondered what her own ancestors looked like and where and how they might have lived. Lucy was a primitive hominin, with a brain roughly the size of a chimpanzee's, but at 3.2 million years old, she already walked upright like we do. Even the earliest members of her species, *Australopithecus afarensis*, lived millions of years after the last common ancestor we shared with chimpanzees. The first act of the human story was still missing.

Now comes Ardi, a 4.4-million-year-old female who shines bright new light on an obscure time in our past.

Her discoverers named her species *Ardipithecus ramidus*, from the Afar words for "root" and "ground," to describe a ground-living ape near the root of the human family tree. Although some hominins are even older, Ardi is by far the most complete specimen of such antiquity. The 125 pieces of her skeleton include most of the skull and teeth, as well as the pelvis, hands, arms, legs, and feet. (The 47-million-year-old fossil of the early primate called Ida is also remarkably complete, but she is not a direct ancestor to humans, as initially claimed during her debut this year.)

When the first fossils of Ardi's species were found in 1994, they were immediately recognized as the most important since Lucy. But the excitement was quickly tempered by Ardi's poor condition: The larger bones were crushed and brittle, and it took a multidisciplinary team 15 years to excavate Ardi, digitally remove distortions, and analyze her bones.

Ardi's long-awaited skeleton was finally unveiled in 11 papers in print and online in October (*Science*, 2 October, pp. 60–106). Her discoverers proposed that she was a new kind of hominin, in the family that includes humans and our ancestors but not the ancestors of other living apes. They say that

BREAKTHROUGH ONLINE
For an expanded version of this section, with references, links, and multimedia, see www.sciencemag.org/btoy2009 and sciencecareers.org.

By hand or by foot? Ardi's foot (*right*) has an opposable toe for grasping branches.

Ardi's unusual anatomy was unlike that of living apes or later hominins, such as Lucy. Instead, Ardi reveals the ancient anatomical changes that laid the foundation for upright walking.

Not all paleoanthropologists are convinced that *Ar. ramidus* was our ancestor or even a hominin. But no one disputes the importance of the new evidence. Only a half-dozen partial skeletons of hominins older than 1 million years have ever been published. And having a skeleton rather than bits and pieces from different individuals not only provides a good look at the whole animal but also serves as a Rosetta stone to help decipher more fragmentary fossils. As the expected debate over Ardi's anatomy and relations to other primates begins, researchers agree that she and the other specimens of her species provide a wealth of new and surprising data on some of the most fundamental questions of human evolution: How can we identify the earliest members of the human family? How did upright walking evolve? What did our last common ancestor with chimpanzees look like? From now on, researchers asking those questions will refer to Ardi.

Body of evidence
Ardi's biggest surprise is that she was not transitional between *Australopithecus* and a common ancestor that looked like living chimpanzees and gorillas. Standing 120 centimeters tall, Ardi had a body and brain only slightly larger than a chimpanzee's, and she was far more

Ancient upstart. Ardi may have moved upright on branches and on the ground, a key step in the evolution of upright walking.

图 3.6　美国《科学》期刊的始祖地猿专题报道。注意阿尔迪的脚趾可转动（插图作者 J. H. Matternes）

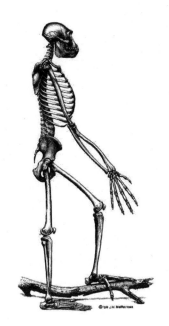

图3.7 阿尔迪的脚趾，为分叉式，像黑猩猩的脚趾，可抓紧树枝爬树（J. H. Matternes/*Science*）

（四）南猿湖畔种 MRD

2016 年 2 月，美国克利夫兰自然历史博物馆古人类学家塞拉西（Yohannes Haile-Selassie）领导的一支团队，在埃塞俄比亚发现了人族成员的一个头骨（见图 3.8）。经过三年的研究，报告终于在 2019 年 8 月发表在《自然》杂志上，首次让世人见到 380 万年前的南猿湖畔种化石，比 320 万年前的露西还早了约 60 万年。[51] 该头骨是一个成年男性的。团队以出土地点米罗多拉（Miro Dora）将他命名为 MRD，暂时未有

图 3.8　塞拉西手持 MRD 的出土化石（美国克利夫兰自然历史博物馆）

像露西那样的"俗称"。塞拉西出生在埃塞俄比亚，曾经跟随加州大学伯克利分校的怀特教授（阿尔迪的发现者）从事古人类学研究，并取得博士学位。

这项发现有几个重要意义。

第一，这个头骨几近完美，比露西的头骨保存得更好，十分罕见，让古人类学家可以第一次清楚看到湖畔种的头部和面部特征（见图 3.9），填补了 400 万年前人类演化史的一大片空白。

第二，从前的论述都认为露西所属的南猿阿法种是从南猿湖畔种直接演化而来的。但塞拉西的团队证明，这两个物种曾

图 3.9 南猿湖畔种 MRD 的出土化石（美国克利夫兰自然历史博物馆）

经在该地区共存了超过 10 万年，所以阿法种不可能源自湖畔种。这再次显示，人类演化的历史，往往比以往学者所推论的更为复杂和多样化。

第三，MRD 生活的地点，位于一条河流和一个大湖边，附近有疏林。这再次透露，最早的人族成员离开大森林之后，并没有立刻走向热带稀树草原，而是在有水的疏林生活了数百万年之久，最后才走向草原。

然而，MRD 只有头骨出土，头骨以下的骨骼还没有被找到。研究团队准备回到出土地点，继续寻找其他骨骼化石。目前科研人员也还未探讨他的双足行走能力如何。许多研究课题也还有待展开。但人族成员演化到 380 万年前，应当已具备相当稳健的双足行走能力，同时又善于爬树，依然住在树上，一如后来的露西。

二、双足行走的起源

双足行走是人类跟黑猩猩分手后演化出来的第一项本领。于是，它也就成了人最重要的标志，是个"黄金标准"，可用来分辨何者为人类化石，何者为猿类化石。世界上很少有动物以双足行走，比较知名的有鸟类、鸵鸟和袋鼠。在哺乳动物当中，只有人才惯常以双足行走。黑猩猩用前肢拿东西时，偶尔也会以后肢双足行走，但走得东倒西歪，像喝醉的人，只能走一小段路，不像人类那样，可以轻松流畅地走或跑上数千米。

人为什么要演化出双足行走？从前的说法是，这样可以腾出双手，使用工具或做其他事。可以站得高一点，看得远一点，看看草丛前方是否有危险。站起来可以采集到低矮枝头上的成熟果子。站着行走时，身体背部可以避免受到太多的阳光照射，降低体温。甚至有学者说，人以双足行走时，男性可以用双手捧食物送给女性，讨她们的欢心，再跟她们交换性，生下更多的后代，有演化上的优势。[52]

不过，研究人体的专家、哈佛大学演化生物学家利伯曼认为，以上这些都不是最重要的因素，有些也难以令人信服。他认为，人以双足行走，最关键的原因是节省能量，以便走更远的路，去寻找更多的食物。[53] 600 万年前，非洲的雨林受气候变迁的影响，大量死亡并消失时，人类的祖先被迫离开雨林，来到疏林生活，这就需要适应一系列新环境。比如，疏林里的树木都比森林里的低矮、疏落，间隔比较远。疏林里的果子也不如森林里的那么丰富和多样化。他们得寻找替代食物，比如树叶、幼枝和根茎类。在寻找新食物时，他们得从树上爬下来，到平地和草丛中觅食，又走一段路，到另一区去觅食。他们一天可能需要走数千米，才能找到足够的食物。为了节省能量，走得更远，找到更多食物，早期的人类祖先于是演化出双足行走，替代人和黑猩猩共祖可能使用的四足行走。

2007 年，有三位科学家研究了黑猩猩和人类行走时所需消耗的能源，发现人类的双足行走比黑猩猩的行走方式（不论是双足行走还是四足行走）节省了约 75% 的能量。[54] 能够节省如此多的能量，绝对具有生物演化上的优势。所以，那些有本领双足行走的最早期人类，将能采集到更多的食物，也将养活更多的后代，且能把他们的这种特质遗传给下一代，以至于后来的人类全都改用双足行走了。

三、双足行走的演化

过去 100 年来，大约从 20 世纪 20 年代开始，有一个所谓的"热带稀树草原假说"（Savanna hypothesis），认为人和黑猩猩分离，走出森林，就来到热带稀树草原生活，于是不得不演化出双足行走。然而，这个假说近年来受到不少质疑和挑战，主要有两点。

第一，早期人类的生活环境应当不是在热带稀树草原，而是在树木比较多的疏林。至今发现的四种最古老的人类——杜迈、千禧人、阿尔迪和南猿湖畔种 MRD 化石的出土地点，都在疏林，有树林，有水源。千禧人和阿尔迪也都善于爬树，过着一种半树栖、半平地的生活。这显示早期人类并非生活在热带稀树草原。

第二，热带稀树草原假说认为，双足行走是在平地上演化出来的，是为了适应平地生活才应运而生的。但有学者认为，双足行走恐怕有更悠久的历史，应当是巨猿在树上生活时就演化出来的。人的双足行走并非起源于平地，而是源自树栖生活。

2007 年，英国的几位科学家远赴印度尼西亚的加里曼丹岛热带雨林，观察红毛猩猩的树栖生活，时间长达一年。红毛猩猩也是人类的近亲之一，跟人的基因差别约 1.6%。科研人员发现，红毛猩猩在树上生活时，经常以后肢行走在幼枝上，并以前肢抓着头上方的树枝，伸直膝盖，立直身体，以采集树枝末端不易以其他方式采到的水果（见图 3.10）。这给了科研人员一个启示，双足行走未必需要在平地上演化，其实早在树上就演化了。因此，人的双足行走并非"创新"，而是"有效利用"了人的猿家族共祖早就具备的原始本领。[55]

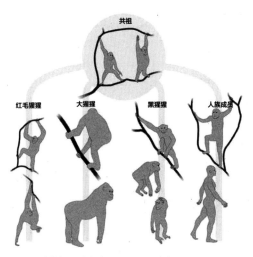

图 3.10　在树上双足行走（Thorpe et al., 2007）

关键的区别是：黑猩猩等巨猿类虽然也会双足行走，或在树上有此能力，但它们并非"惯常"如此行走，只是偶尔为之。然而，人却是惯常以双足行走的。从600万年前跟黑猩猩分离以后，在疏林生活时，人类便不得不经常以双足行走，越走越流畅，以至于到了约200万年前的人属时代，已演化出足弓等脚部特征，可以走得更快、更稳，有别于黑猩猩偶尔为之的行走姿态。

虽然杜迈、千禧人和阿尔迪的化石上都具有明显的特征，可以证明他们能够双足行走，但这三者的双足行走方式应当还是属于比较原始的，还在演化当中，还没有走得像后来人属（如直立人）那样流畅。但可以肯定的是，这些最早的人族成员双足行走的方式，已经跟黑猩猩那种"弯膝扭臀"的姿势很不一样，比较稳健，属于一种"过渡"形式的双足行走，介于黑猩猩和现代人之间。[56]

四、早期人族成员的食物和双足行走

早期人族成员的生活环境都是疏林，远离了浓密封闭的热带雨林，也就是共祖的原居地。这表示，他们无法再享有森林内常年都有的果子，如野生的无花果和棕榈果。虽然疏林里也有果子，但比较稀少，有季节性。最早期人类需要走更多的路，才能吃到果子和其他补充食物。这也是促使他们演化出双足行走的一大原因。

可惜，杜迈的牙齿过于腐坏，目前还无法进行碳同位素研究，无从得知他吃些什么。不过，从他栖息的环境，再参照其他早期人类的数据，可以推测他主要吃植物，包括叶子、果子、种子、根茎、坚果，偶尔吃昆虫。

千禧人的臼齿圆、犬齿小，专家据此推论，他主要以吃植物为生，包括叶子、果子、种子、根茎、坚果，偶尔也吃昆虫。

至于阿尔迪，我们对她的环境和食物知道得最多。科研人员从阿尔迪出土的地点周边找到 15 万件动植物化石，进而推论她"住在一个疏林里，攀爬朴树、无花果树和棕榈树，跟猴子、羚羊和孔雀共存。她的头上有野鸽和鹦鹉飞翔。这些生物都喜欢疏林，而不是开放的草原"。专家根据阿尔迪的牙齿，认为她比黑猩猩"更杂食"。她除了吃果子、坚果和地下根茎类食物，偶尔也吃昆虫、小型哺乳动物或鸟蛋。阿尔迪的牙齿的碳同位素研究显示，她大多数时候吃的植物来自疏林，而不是热带稀树草原。虽然她可能也吃无花果或其他果子，但没有像今天的黑猩猩那样吃那么多果子。[57]

五、采集者，非狩猎者

数百万年前，黑猩猩的祖先如果有机会在森林和疏林交界处碰见最早期的人族成员（或他们的后代），见到他们惯常以双足行走，姿势很怪异，一定会吓一跳，马上意识到这三者跟自己是完全不同的物种，因而快速闪开。

杜迈和千禧人，隔了约 100 万年。杜迈和阿尔迪，隔了约 260 万年。然而，在这 260 万年之间，人类的演化速度非常缓慢，没有太大的变化。以双足行走、栖息环境和食物来说，这些早期人族成员看起来大同小异——住在疏林，过着半树栖、半平地的生活，刚演化出双足行走，每天走更远的路，寻找食物，但大多为疏林植物类，偶尔才有肉食。

他们这时只能说是采集者，还不能说是狩猎者。狩猎需要快速奔跑。杜迈、千禧人和阿尔迪看来只能慢步行走，不能快速奔跑。人类还需要继续演化好几百万年，到了约 200 万年前的人属阶段，才能演化出直立人那种修长的腿、修长的身躯和比较短的手臂，才能跑得快，跑得持久，才能成为有效的狩猎者。

第四章

——

南猿

——像猿多过于像人

数十年前，我第一次在人类演化史的著作中见到"南猿"（或"南方古猿"）这个词，觉得好奇怪。如果南猿属于猿类，那它又怎么会被放在人类演化史中来论述？如果南猿属于早期人类，那它怎么又会是"猿"？相信许多人也有类似的疑惑。希望读完本章后，大家会有比较清晰的认识。

一、史上最有名的南猿——露西

　　人类演化到三四百万年前时，非洲大地上出现了一种新的人族成员——南猿属。南猿属下约有 10 个物种，但最有名的、最为大家熟悉的，莫过于阿法南猿了。史上最有名的阿法南猿，无疑是那位出尽风头的露西（见图 4.1），她活在约 320

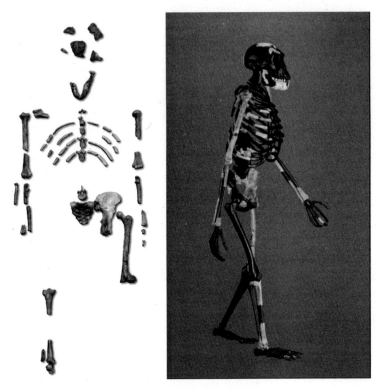

图 4.1　露西的遗骨化石（左）及重建（右）（Wikimedia Commons-Smithsonian）

万年前。

　　露西是 1974 年在非洲东部的埃塞俄比亚阿法地区，被美国古人类学家约翰森（Donald Johansson）发现的。在她被发现的那个晚上，约翰森的团队狂欢饮酒庆祝，不断播放英国披头士乐队 1967 年的流行歌曲《露西在缀满钻石的天空中》，于是把新发现的化石昵称为"露西"。她发现的地点，离南非约有 5 000 千米之遥，并不在非洲南方。那为什么她会被称为"南猿"呢？

原来，南猿这个属，是 1925 年由南非解剖学家雷蒙德·达特（Raymond Dart）所命名的。当时，南非塔翁（Taung）的一个矿坑发现了化石，经达特鉴定为古人族成员，为他取学名南猿非洲种（*Australopithecus aficanus*），昵称"塔翁幼儿"。*Austral-* 源自拉丁文，意思是"南方"，如澳大利亚位于地球南方，英文就称之为 Australia，意为"南方之地"。*Pithecus* 源出希腊文，意思是猿，并没有"古"意。中文教科书常译为"南方古猿"，不够精确，有"过度翻译"之嫌。为了正名，本书决定用"南猿"一词。因为达特的这个命名，从此凡是形态类似塔翁幼儿的人类化石，都被归入南猿属。南猿的分布很广，从东非、中非乍得到南非都曾出土过化石。南猿不一定住在南方。

从南猿属这个命名可知，古人类学家都把露西这类南猿看成是"比较像猿的人类"。从人类演化史上看，这是正确的。为什么说露西是"人"？因为她会双足行走，已经跟黑猩猩那个谱系分离了。她属于人类谱系，属于人族成员，符合"人"最重要的一条定义。但为什么又说她是"猿"呢？因为除了双足行走外，她的头骨、脸部和肢体各方面仍长得像猿，仍在演化中，还没有演化成我们这种现代智"人"的样子。

和黑猩猩在 600 万年前分手之后，人最主要的演化在于双足行走，以便更有效率地在非洲疏林的生态环境中寻找食物，寻求生存。然而，双足行走并非在一夕之间可以完成，而是一个漫长的、渐进式的演化过程，牵涉骨盆和上下肢骨骼的分段式演化，需要数百万年的时间才能完成。[58] 比起最早期600万年前的人类祖先（如杜迈），露西晚了约280万年，但她的双足行走依然在演化当中，还没有完成。

如果说今天我们智人的双足行走已演化完成，到了最完美的境地，可得100分，那么从600万到440万年前，最早期的三种人类祖先（杜迈、千禧人和阿尔迪）的双足行走方式受限于身体结构，走得缓慢而原始，恐怕只能打50分左右。到了三四百万年前的南猿阶段，露西已走得比较好，比最早期的人类省力，但又不如现代人那样好，且步伐短，走得不够快，可以打75分左右。一直要到人属直立人的阶段（约200万年前起），人类才可以说达到了真正完善的双足行走，甚至可以奔跑，可打90分以上的高分。

正因为双足行走在人类演化史上如此重要，露西最初被发现时，研究团队的第一急务，就是评估她是否能双足行走。他们研究了她的骨盆和下肢骨等，结论是露西的这些骨骼比较像人，不像黑猩猩的，她毫无疑问可以双足行走。研究团队便根据这点以及她骨骼的其他形态特征，把她归类于人类谱系的南猿属。[59]

二、人类在树上生活了大约 400 万年

最早期的人类祖先有一个特征——他们不但能双足行走，而且很善于爬树，喜欢过着半平地、半树栖的生活。晚上，他们睡在树上，就像今天的黑猩猩和其他猿类一样。到了白天，他们很可能有许多时候仍栖息在树上，以逃避其他猎食者的攻击，或在树上采集果子。只有在必要时，他们才爬下树，走到地面上觅食，或走到另一区域的树林里觅食或休息。

最有力的证据，就是阿尔迪那个分叉式的、像拇指般对生的脚趾。黑猩猩和其他巨猿都有这样的脚趾，非常适合爬树，可抓紧树枝，姑且称之为"爬树专用的脚趾"。阿尔迪生活在 440 万年前。在他之前的杜迈和千禧人，应当都有这种脚趾。在阿尔迪之后的 73 万年，这种脚趾又出现在 367 万年前的普罗米修斯南猿[60]的右脚上（见图 4.2），比露西早了约 47 万年，显示比露西稍早的人类祖先，很可能都有这样的脚趾，仰赖树栖生活。2005 年，科研人员在埃塞俄比亚找到 8 个脚骨化石，其右脚趾也正是这种爬树专用的，年代为 340 万年前。[61]这表明，人类在阿尔迪之后的 100 万年还在爬树，过着树栖生活。

那么，活在 320 万年前的露西，有没有这种"爬树专用的脚趾"？很可惜，露西出土的骨骼虽然有 40% 是完整的，但缺少脚骨。我们不知道她的脚趾长什么样子。

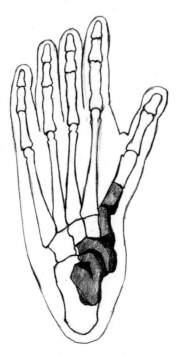

图 4.2 普罗米修斯南猿脚上的分叉式脚趾
（Ronald Clarke）

　　然而，2016 的一项最新研究揭露，露西的上臂骨骼非常强壮，跟黑猩猩一样，显示她经常爬树，有许多时间待在树上，才能形成那样厚壮的上臂骨。至于她的下肢骨骼，证明她能双足行走，但走路姿势和现代人略有差别，重心侧向一边，应当走得比现代人吃力，需要消耗更多的能量。[62]

　　因此，古人类学家推论，露西这一类的南猿应该还是有许多时间栖息在树上，特别是在晚上。一直要到 200 万年前，人类进入人属的时代,他们才完全脱离树栖,走出疏林,走向热带稀树草原,过平地生活。从 600 万年前和黑猩猩分手算起,到 200 万年前走出疏林,人类的祖先在树上生活了大约 400 万年。

露西是怎样死的? 2016 年发表的一项研究认为,露西可能是从高树上摔下跌死的。美国得州大学奥斯汀分校的一个研究团队重新为她的骨骼做了高清 CT(计算机断层扫描术),发现她有多处骨折,像是从高树上摔下所造成的,进而推论她是跌死的(见图 4.3)。[63] 她从树上摔下跌死,也间接证明她有许多时间是树栖的。不过,露西的发现者约翰森以及美国加州大学伯克利分校古人类学家怀特在接受英国《卫报》采访时,都

图 4.3 露西可能是从树上摔下跌死的(John Kappelman)

不同意这项研究结论，他们认为化石中的骨折很常见，可能有种种成因，未必是因为从高树上摔下的。[64]

2008 年在南非出土的南猿源泉种，脚骨相当完整，但没有那种分叉式的脚趾。然而，他的手臂比腿长，手骨长且略微弯曲，显示他仍在爬树。[65]

这个案例意味着，南猿即使没有分叉式脚趾，也善于爬树，但爬树本领和树栖时间可能有程度上的差别。

第一，如果有分叉式脚趾，表示他大部分时间都在树上，只有在必要时才爬下树到地面上活动。这种脚趾也表示，他若在平地上双足行走，可能比较吃力，比较消耗能量，走不远。

第二，如果分叉式脚趾已退化并消失，表示他在树上的时间越来越少。比如说，可能只有在晚上才爬到树上睡觉，其他时间在平地上活动。脚趾的退化，也使得他在地面上的双足行走更省力，走得更顺畅。

双足行走常常被形容为人类演化过程中的一大成就，但这也导致我们今人不善于爬树了。我们是否怀念从前树栖的日子呢？想想看，在远古的非洲大地上，即使我们的祖先学会了以双足行走以后，他们仍然能够敏捷地爬到树上，长达数百万年之久。[66]

三、366 万年前的脚印

366 万年前的某一天，在非洲坦桑尼亚的莱托里，一座火山喷发，喷出大量火山灰。接着，下了一场雨，把地面上的火山灰融化成水泥一样的泥地。有一男一女，带着一个小孩，不知何故走过这片泥地，留下了约 70 个脚印，整段长度约 27 米。脚印晒干之后，火山再次喷发，火山灰把脚印覆盖了约 20 厘米，从此在地下沉睡了数百万年之久（见图 4.4）。

一直到 366 万年后的 1976 年，古生物学家玛丽·利基（Mary Leakey）无意中发现了这些脚印，并且在 1978 年把它们全部发掘清理，制作成模型，然后就地掩埋。这便是人类演化史上赫赫有名的"莱托里脚印"。它毫无疑问地证明，366 万年前留下这些脚印的古人族成员（极有可能是阿法南猿），已经能够双足行走，而且有脚印为证。

图 4.4 约 366 万年前的莱托里脚印（John Hawks/CC）

莱托里脚印有三点很值得注意。第一，脚印上的脚趾和现代人一样，是跟另四个脚趾并排，不可扭转，不像最早期人类阿尔迪的脚趾那样长，且可跟其他四个脚趾分叉，可扭转，可抓紧树枝，非常适合爬树。然而，这并不表示，南猿已不再爬树，不再过树栖生活。这只能说，莱托里脚印的主人，可能没有像其他更早期的人类那样依赖树木的庇护。人类要到人属直立人的阶段，才告别树栖。

　　第二，脚印的中部显示其主人有足弓。这表示，他跟现代人一样，每走一步，最先是以脚跟着地，再以中间的足弓和脚趾向前推，往前踏进一步。

　　第三，莱托里脚印每步之间的距离比较短，显示南猿的腿仍跟黑猩猩的一样短，不像现代人的腿那样修长。

　　换句话说，南猿不但可以双足行走，而且步伐像现代人，但又不完全相同。他的腿短，表示他的步伐短，走不快，恐怕无法像现代人那样，以修长的腿来持续长跑。

　　莱托里脚印被发现后，过去30多年来发表的论文超过50篇，但最详细且最有新意的，是2016年由德国马普演化人类学研究所哈达拉（Kelvin Hatala）及其团队发表的。[67]他们以实验的方式，把莱托里脚印跟现代人及黑猩猩的脚印相比，得出的结论是：这三者在形态上并不相同。莱托里人双足行走时，其脚跟落地时，肢体姿势很可能比较弯曲，跟现代人伸直膝盖的方式有微小的差别，但意义重大。这显示，在过去366

万年间，人类双足行走的演化有过一些重要的变化。双足行走可以有好几种不同的走法，并无一套统一的标准。不同的南猿种可能会演化出稍微不同的肢体结构，于是产生稍微不同的步伐。

2015 年，人们在莱托里地区又发现了一批新的脚印——两个人走过一片火山灰泥地所留下的脚印，年代同样为 366 万年前。[68]但这次研究人员的重点发现是，这些脚印证明，南猿的男女身体大小有显著的差异（男人比女人大很多，类似雄性大猩猩的身体比雌性大猩猩的大很多）。

四、南猿像牛羚般吃草

南猿分两大类：细小南猿和粗壮南猿。两者的特征是：他们的牙齿，特别是臼齿，都大过现代人的，也大过最早期的人类的。所谓粗壮南猿和细小南猿，差别主要在于，粗壮南猿的牙齿、颌部和脸部比细小南猿的大。因为牙齿大，他们的颌骨和颊骨也跟着变大了。

古人类学家根据南猿的大牙，推测他们的食物不同于最早期的人类。以阿尔迪为例，她的臼齿、门牙和犬牙，都没有像南猿的那样粗大，显示她吃的是比较软的果子、嫩叶和幼枝等。到了南猿时代，非洲的气候变得更干旱，雨量减少，雨林进一步萎缩，疏林和热带稀树草原越来越广泛地出现，疏林的果子越来越少，南猿不得不改吃其他食物。

20世纪七八十年代，古人类学家只能根据南猿出土的牙齿形态和磨损迹象，推测他们的食物越来越粗糙、多纤维，且多吃坚果类的硬物，需要更大的臼齿来研磨。但从20世纪90年代开始，科学家发现，可以从牙齿的牙釉质中钻取一小部分样本，做碳同位素化验，从而知道牙齿的主人吃哪一类食物。但出土的人类化石都很珍贵。收藏牙齿化石的博物馆都不愿意让科学家用钻子钻取牙齿化石的样本，以免破坏化石。直到2010年左右，钻取技术有所改进，只需钻取极少量的样本，就可以做碳同位素分析，于是肯尼亚和刚果的几个博物馆才终于同意让美国的一个研究团队钻取了100多颗牙齿化石的样本。研究结果被分成四篇论文，发表在2013年6月《美国国家科学院院刊》[69]上，外加一篇评论[70]。

这些研究证实了古人类学家从前的猜测，即南猿属于杂食类，食物种类多样化，主要分为两种：C3和C4植物。所谓C3植物，指来自树木、矮丛林、灌木林的食物，如树叶、果子、幼枝等，也就是那些生长在疏林中的植物。这些植物在光合作用过程中，使用了所谓C3途径的光合法，在生物学上被称为C3植物。

C4植物指草本以及一些禾本植物，如玉黍蜀、甘蔗、高粱等，多生长在炎热地区，如热带稀树草原上，以C4途径进行光合作用，所以被称为 C4 植物。非洲大地原本被雨林覆盖着，在六七百万年前的气候变迁中变得干燥，雨量减少后，雨林慢慢萎缩，转变成热带稀树草原，于是也产生了 C4 植物，以及一批靠 C4 植物生存的食草动物，如牛羚和斑马等。

人类的近亲黑猩猩住在雨林里，食物几乎全属 C3 型。但 2013 年的这四项研究发现，南猿的食物越来越倾向于 C4 类，只有南猿属中最古老的湖畔种（420 万—390 万年前）很少吃 C4 食物。跟他时代接近的阿尔迪（440 万年前）和现代黑猩猩一样，主要依赖 C3 食物，即使栖居地附近有 C4 食物，他们也不吃。

然而，肯尼亚扁脸种（350 万—320 万年前）、南猿埃塞俄比亚种（270 万—230 万年前），以及阿法南猿（390 万—300 万年前），都吃相当大量的 C4 食物。其中有四个阿法南猿个体，吃了超过 50% 的 C4 食物。南猿鲍氏种（230 万—130 万年前）吃的食物，甚至高达 75% 来自 C4 食物。整个看来，生存时代越晚的南猿，所吃的 C4 食物就越多。但 2008 年在南非发现的南猿源泉种，却又不吃 C4 食物，跟现代黑猩猩一样，专吃 C3 食物，这可能跟当地的生态环境有关。

这些牙齿研究结果有何意义？

第一，这显示，南猿的生活场域，介于疏林和热带稀树草原之间。他们除了在疏林里活动，也常在热带稀树草原上觅食。草原上的 C4 植物，或吃了这些 C4 植物的草原角蹄类动物（如斑马）的尸体和骨髓等，也成了南猿的食物来源之一。

第二，南猿和后来的早期人属懂得食用 C4 食物，跟人类最亲近的黑猩猩只吃 C3 食物截然不同，显示人类发展出新的演化求生本领，扩大了食物种类，才能在当时非洲天气干燥的新生态环境中生存，持续繁衍，否则就会灭绝。

第三，早期的人属物种，如能人的食物，更多为 C4 型，高达 65%，显示人属更常在热带稀树草原上活动，甚至脱离了疏林和树栖，完全过着平地上的双足行走生活。

第四，这意味着，在南猿属的时代，我们人类的祖先曾经像斑马和牛羚那样，在草原上靠吃"草"为生。难怪南猿会演化出那么粗大的臼齿和脸颊，因为吃"草"的动物必须有粗大的臼齿和粗厚的牙釉质，才能把草本食物的粗纤维磨碎。我们今人的臼齿，仍保存着这个演化痕迹。

第五，这些研究结果又激活了那个著名的热带稀树草原假说（人的双足行走，是在草原上演化的）。2000 年到 2009 年左右，因为三种最早期人类的化石（杜迈、千禧人和阿尔迪）都是在疏林里被发现的，且在疏林里演化出双足行走，并非在热带稀树草原，以至于草原假说受到了质疑和挑战。现在，科学家发现南猿及其后的人族成员，又的确依赖草原上的 C4 植物生存，这个草原假说近年来又重新受到重视了。[71]

这个草原假说或可被修正为：在最初的数百万年前，人类的祖先栖息在疏林里，在疏林里演化，主要吃疏林里的 C3 食物，但从大约 200 万年前起，他们转移到热带稀树草原上生活，以 C4 食物为生，并继续在草原上完成双足行走的演化。

五、南猿的肉食和石器的发明

C3 食物和 C4 食物主要为植物，但也可以包括肉类。比如，在草原上吃 C4 草本植物的牛羚如果死了，尸肉被南猿吃了，则南猿牙齿中的牙釉质也会累积 C4 植物的证据。但牙齿的碳同位素研究无法分辨 C4 食物是植物还是动物。我们无法精确知道，南猿究竟吃了多少比重的植物或动物。

科研人员一般根据黑猩猩的食物大多为植物，偶尔才吃鸟蛋、白蚁、猴子和其他小型哺乳动物，进而推论南猿的食物应当也以植物为主，偶尔才有肉。南猿跟最早期的人类祖先一样，还停留在采集的阶段，没有足够的条件去狩猎，但南猿跟秃鹰和野狐一样，会"捡尸"——捡食草原上狮子和老虎猎杀吃饱后残留下来的牛羚或羚羊等动物的尸肉和骨髓。

要充分享用这些肉类，南猿得有某种尖锐的切割和敲击石器才行。但人类是在什么时候发明石器的？传统教科书说是在 260 万年前，在东非埃塞俄比亚奥杜威峡谷所发现的奥杜威第一模式石器，据说是由能人制作的。[72] 那时，非洲东部的阿法南猿和大部分其他南猿种都已经灭绝了。这是否意味着，人类要到约 260 万年前，石器被发明之后，才能享受到比较多的肉食？

答案应当是否定的。事实上，在奥杜威型石器被发明之前，人类应当就懂得制作木器，比如用树枝来做成丢掷器或挖掘工具；用断裂的尖锐枝干做成切割器，这恐怕比石器更容易制作，且更轻便好用。今天的黑猩猩也懂得制作一些简单的木器工具，比如用适当的小树枝伸入白蚁的洞穴，勾取白蚁来吃。只可惜，木器很容易腐朽，无法像石器那样可以被长久保存在出土遗址现场，常为学者所忽略。由此推论，南猿甚至更早期的人类，应当都曾经制作过这类木器，用来切割肉食，或用来挖掘地下根茎类食物等。

2010 年发表的一项研究，终于揭露了阿法南猿早在 339 万年前，就在埃塞俄比亚迪基卡地区使用石器来享用肉类，比奥杜威型石器的发明早了约 80 万年。[73] 在这项研究中，科研人员其实并没有真正找到这么早的石器，而是发现了一批 342 万—324 万年前的动物骨头，上面有用石器来刮削取肉的痕迹，以及用石器敲击骨头以取出骨髓的裂痕，从而推论那时的阿法南猿已发明石器。

这项 2010 年发表的研究，因为没有真正找到出土的石器，只发现石器刮削和敲击骨头的痕迹，证据稍嫌不足。不过，到 2015 年，美国纽约州立大学石溪分校的一个研究团队终于在肯尼亚图尔卡纳地区，找到 330 万年前的一个石器制作遗址。从出土的石器看来，当时的南猿已掌握了石器制作的敲击和修饰原理。这足以证明人类早在南猿时代的 330 万年前，就发明了石器，不必等到 260 万年前的能人时代。鉴于这项发现的重要性，科研人员称之为洛姆奎型（Lomekwian）石器（见图 4.5），它比奥杜威石器早了约 70 万年。[74]

图 4.5　330 万年前的洛姆奎型石器（Sonia Harmand）

六、仍然像猿多过于像人

如果你今天在操场上见到露西这一类的南猿走过来，一定会吓一跳，不会认为她是人，反而觉得她更像是猿。露西唯一像人的一点，就是她会双足行走，走得还算流畅，比黑猩猩偶尔的双足行走好太多了。也正因为露西可以双足行走，所以古人类学家才把她划归到人类谱系，把她视为人类的祖先，而不把她放在黑猩猩的谱系。

然而，除了双足行走这点外，露西在许多方面的确还很像猿。

第一，露西这种南猿的身高，女性约为 105 厘米，男性约为 151 厘米。体重则是女性 29 千克，男性 42 千克。在现代人看来，都偏矮偏小了一些，有点像发育不良。但这是最早的人族成员和南猿的典型体形。人一直要到 200 万前的人属阶段，身高和体重才有所增加，接近现代人的样子（见图 4.6）。

第二，露西全身都是毛发，加上她的身材矮小，整个看起来更像是猿。人的毛发要到人属阶段，才开始脱落消失。

第三，露西的脑容量很小，只有约 500 立方厘米，跟现代人约 1 500 立方厘米的脑容量比起来，只有约三分之一。人的脑容量，也是要到人属阶段才开始增大。

第四，露西的脸部，鼻子是塌陷的，口吻部非常突出，这

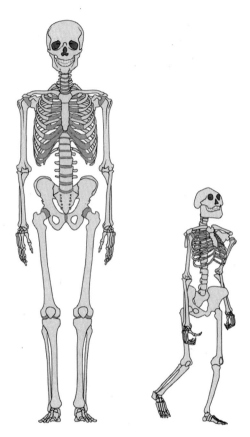

图 4.6 与直立人图尔卡纳男孩（左）相比，露西（右）在身高、体形、脑容量各方面都小一号（Nature Education）

些都很像是猿类的，不像现代人挺起的鼻子和平坦的脸部。

第五，露西的肋骨架还是锥形，像猿类，不像现代人的圆桶形（见图 4.7）。这种肋骨架表示露西的肠道大，因为她跟猿类一样，主要吃植物，需要大的肠道来消化。到了人属阶

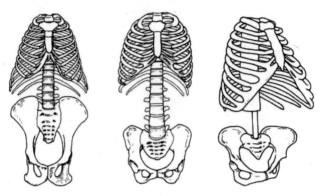

图 4.7 黑猩猩的肋骨架为锥形（左），直立人为圆桶形（中）。露西的也是锥形，且比直立人的大而突出（右）（Aiello & Wheeler, 1995/*Current Anthropology*）

段，人的主要食物多了肉类，肠道变小（见第五章），肋骨架也演化为比较小的圆桶形。

第六，露西的手比脚长，跟猿的身体比例类似。到了人属阶段，人的手臂变短，因为不必再爬树了；下肢变长，为的是走得更流畅，跑得更快。

换句话说，人在南猿属的阶段，仍然有七八分像猿，需要继续演化，才能在人属的阶段慢慢长得越来越像我们这种现代人。所以，你若在现代操场上见到露西，会认为她是猿，这一点儿也不奇怪。但露西可是个具有"人类潜能"的猿，因为她已经学会了双足行走。只要再给她一点时间，约 100 万年，她的毛发就会落尽，头脑变大，手臂变短，下肢变长，身形变大，脸部变平，那时她长得就比较像我们今人了，你就不会再误以为她是猿了。

第五章

人属

——终于有些人样了

台湾许多大学若在中午举办演讲或研讨会之类的活动，一般会提供免费便当给与会者，而且有荤素之分。我从前在台湾清华大学教书时，就常常接到研究助理打来的电话："老师，您中午要吃荤还是吃素？我们要统计人数。"200万年前，如果你去问人属直立人这个问题，你猜他会怎么说？当然，人类那时不但没有文字，而且不会说话，只能像黑猩猩那样嚎叫，无法沟通。其实，直立人是很杂食的物种，有什么吃什么，荤素都可。不过，如果有一天直立人幸运地捡到一头大象的尸体，他们一定不要吃素，而要吃荤，因为他们的身体需要更多热量。

一、人属的最佳代表

南猿以后，人类演化来到了人属（*genus Homo*）的时代。人属的起点，传统教科书一般说是约 230 万年前，证据是德国探测队在马拉维发现的一个上颌骨（见图 5.1）。但 2013 年，美国亚利桑那州立大学的一个团队在埃塞俄比亚雷地卡拉鲁，发现了一个下颌骨和牙齿（见图 5.2）。这些牙齿比南猿的小许多，接近后来人属的，年代为 280 万年前。研究团队认为这才是最早的人属成员，于是又把人属的起点往前

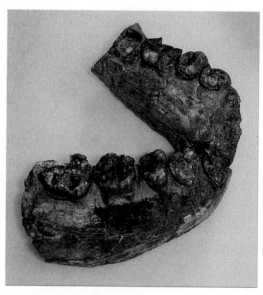

图 5.1　在非洲马拉维发现的上颌骨，年代约为 230 万年前（Gerbil/ 创用 CC 3.0）

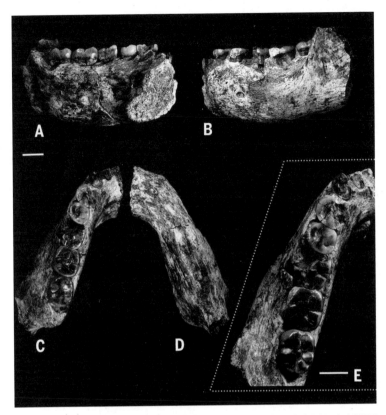

图 5.2　在埃塞俄比亚雷地卡鲁发现的一个下颌骨和牙齿，年代为 280 万年前。(A) 内侧面 (B) 侧视面 (C) 咬合面 (D) 底部 (E) 咬合面牙齿放大图（Brian Villmoare）

推了 50 万年。[75]

　　早期人属一般说是有三个物种：能人、鲁道夫人和直立人（直立人在非洲又别称为匠人 *Homo ergaster*，但此词近年来已几乎不用）。能人和鲁道夫人的形态特征，像南猿多过于像后来的人属，所以知名古人类学家伯纳德·伍德（Bernard

Wood）有一篇很有名的论文，广为学界引用，他认为能人和鲁道夫人不应当被归入人属，而应当算是南猿。[76]而且，这两者的化石太少、太残缺，论证不易，许多地方要靠推测。目前学界讨论早期人属时，主要以直立人为例，特别是约 160 万年前的图尔卡纳男孩，又称那里欧科多摩（Nariokotome）男孩（见图 5.3）。

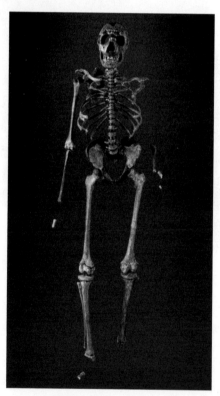

图 5.3　图尔卡纳男孩，又称那里欧科多摩男孩的骨骼，年代约为 160 万年前（美国史密森尼自然历史博物馆）

1984 年，他的化石在肯尼亚图尔卡纳湖附近的那里欧科多摩地区，被理查德·利基（Richard Leakey）的团队发现。他的出土骨骼比露西的更完整，是直立人最知名的标本。他死时 12~13 岁（一说 8 岁），但身高已达 160 厘米，体重约 60 千克，比露西高大。[77] 露西死时，也大约是 12 岁，但身高只有 110 厘米，体重约 29 千克。这一对男女，男的是直立人的最佳代表，样貌接近现代人，女的是阿法南猿的最佳样本，样貌接近猿。两人在时间上相隔了 160 万年，正好可以拿来相互比较，可看出人类身体在这一期间的演化历史。

二、肉食革命和昂贵器官假说

今天，吃素还是吃荤，一般只是宗教或个人养生的课题，小事一件，无关紧要。但 200 万年前，当人类正处于从南猿演化到人属的阶段时，这却是一等一的大事，关乎整个人类的未来命运。假设那时的人类祖先仍然像黑猩猩那样多吃素（果子和叶子等），很少吃肉，那么人类今天很可能还住在非洲的疏林里，过着半树栖生活，身材矮小，脑袋小，全身毛茸茸，八分像猿，走不出非洲，无法像现在那样扩散到全世界几乎每个角落。

然而，那时的人类不但不抗拒吃肉，而且尽可能多吃。

最好的证据是，人类第一项伟大的工艺——石器，就是为了吃肉而被发明的。我们在第四章见过，目前被发现的最古老的石器是 330 万年前的洛姆奎型，它极有可能是由南猿发明的。其次是 250 万年前的奥杜威型，一般说是由能人发明的。到 170 万年前，直立人制造了更精良的石器，被称为阿舍利（Acheulean）型，而且品项更多，有手斧、切割器、砍砸器等，供不同的场合使用（见图 5.4）。

吃素不需要这样的石器。如果想要敲开坚果或捣烂植物纤维，用最普通的、未经修饰的石头就可以了，就像今天黑猩猩会做的那样。但吃肉需要用上种种不同的石器，比如需要切割器切开大象一英寸厚的外皮，需要刮削器刮取动物骨头上的残肉，也需要敲击器敲破动物的大骨头，吸取滋补的骨髓。肉食

图 5.4 阿舍利型石器（Muséum de Toulouse/CC）

的热量比素食的高出许多。这时候的人类祖先吃了那么多肉和动物脂肪，营养大增，引发了一连串后继效应。人类演化到人属阶段时，肉食的增加不但是一大主题，也是推动人类继续演化的一大动力。

和南猿相比，人属有几个明显不同的特征。

第一，人属的身体比南猿的显着高大。南猿的体重约 30 千克 ~50 千克，身高约 100 厘米 ~150 厘米，就像黑猩猩那样矮小，但直立人的体重约 50 千克 ~70 千克，身高约 160 厘米 ~185 厘米，跟现代人接近。[78]

第二，人属的脑容量也增大了。南猿的脑容量约 400 立方厘米 ~450 立方厘米，只比黑猩猩的略大一些。能人的脑容量开始增大，约 500 立方厘米 ~700 立方厘米；直立人约 600 立方厘米 ~1200 立方厘米；现代人（智人）约 1 100 立方厘米 ~1 900 立方厘米。

第三，人属的肋骨架跟现代人类似。以直立人图尔卡纳男孩为例，他的肋骨架是比较小的酒桶形，但南猿的肋骨架，以露西为例，却是比较大而突出的锥形，跟黑猩猩的类似。这表明，南猿的肠大，腹部大，腰部大，需要这样的肋骨架，但直立人的肠变小了，肋骨架跟着收小，腹部变小，有了腰身，也更方便双足行走和跑步。

这三大人体演化，乍看起来似乎没有关联。但 1995 年，有两位学者发表了一项里程碑式的研究成果，提出了著名的

"昂贵器官假说"（Expensive tissue hypothesis），把这三大人体演化串联在一起。[79]

这个假说指出，从南猿起，人类祖先的肉食就开始增加（见第四章）。到人属的时代，直立人更是大量吃肉。肉食是高质量且容易消化的食品。人类祖先的营养大增，体形增大，肠道也不需要被用于消化大量草本植物的粗纤维，以至于退化，逐渐变小。肠跟脑一样，是人体内的两大"昂贵器官"，需要消耗许多热量来运作。肠变小以后，节省下来的热量正好可以用来养更大的脑。

有学者说，人类是因为社交圈子扩大，需要照顾到复杂的人际关系，所以才演化出比较大的脑。[80]但这恐怕是因果颠倒。事实上，人类是因为吃肉，肠变小，可以把剩余的热量用于大脑。有了越来越大的脑，自然也就能应付越来越复杂的人际关系，同时认知能力也大大提高，可以更有能力去适应当时非洲干旱的天气，以及不断扩大的热带稀树草原环境。

除此之外，因为吃肉，人属的牙齿也有了演化。南猿的臼齿都很大，主要用来研磨粗纤维的草本植物，但直立人和后期人属因为吃肉，臼齿和门牙都变小了。肉食经过石器的加工，被切小或捣烂，也变得更容易咀嚼，不再需要南猿的那种大牙了。[81]

除了吃肉，直立人也吃许多地下根茎类食物。这些食物和肉类一样，如果没有经过石器的捣烂加工，也是非常难以咀嚼的。虽然南猿也吃肉和地下根茎类食物，且发明了最原始的石器，但直立人是第一个大量吃这类食物的物种，而且制作了越来越精良的石器，来进行食品加工。这类食物也常见于热带稀树草原，较少出现在疏林，这显示直立人的生活范围已从疏林转移到开敞的草原。

掠食和狩猎，往往不是个人独力可以完成的，而需要团体合作。石器的制作，也需要团体合作。这意味着直立人开始懂得通过合作来获取肉食，并且分享肉食，甚至发展出男女分工合作：男的狩猎，女的采集。男性之间的合作，也减少了他们之间的斗争，不必再为争着和女性交配而打架。在这样的基础上，男女可以形成一种比较密切的两性匹配（但还没有发展到一夫一妻制），由男性提供肉食来照顾女性和小孩。

但有一点要厘清，人脑的增大，并非只依靠吃肉（生肉）。从 200 万年前开始，一直到大约 60 万年前，人的脑容量增大了一倍左右，从 700 立方厘米增至 1 400 立方厘米。在这个时期，至少有两个因素促使人的脑容量增大。第一，直立人学会了用火，或懂得吃烤熟的肉和其他食物。熟食比生食更容易让人的肠道消化，且提供更多的能源，让人的脑容量增大。这显示了煮食在人类演化史上的重要性。我们的表亲黑猩猩和其他灵长类，至今还不会生火煮食物。

第二，虽然人类从能人开始，吃的肉比南猿多，但他们和后来的直立人以及尼安德特人等并非只吃肉。他们仍然和现代人一样，是一种非常杂食的动物，除了吃肉，也吃豆类和大量根茎类食物，以补充肉食的不足。这些淀粉含量高的碳水化合物能提供人脑最需要的葡萄糖，促使它进一步增大。2021年的一项最新研究报告，分析了尼安德特人和早期智人牙齿化石上的细菌成分及其演化历史，显示尼人和现代智人的祖先在至少大约60万年前，就食用大量根茎类、豆类和其他淀粉类食物，远在1万年前农业被发明之前。

为了肉食，200万年前的直立人已演化出灵活的双足行走和跑步（见第三章），可以开始去掠食和追杀猎物，但这往往不是个人独力可以完成的，而需要团体合作。

雄黑猩猩的獠牙特别尖、特别大，身体也比雌性的大50%左右。这是所谓的"两性异形"（sexual dimorphism），主要是为了抢破头跟雌性交配的结果。獠牙越大、身体越大的雄性，越占便宜，越能跟更多雌性交配。人类谱系的南猿，犬齿没有黑猩猩的那么大，但又比直立人和现代人的大一些。南猿男性的身体，平均也比女性的大一倍。这显示，南猿仍有明显的两性异形，比较像黑猩猩的社群。但肉食大量增加以后，直立人的合作增多，男女多了点匹配关系，不必再为争夺交配权而大打出手。直立人男性的身体，便演化成只比女性的大15%左右，跟现代人类似。两性异形大大减少了。

这一切，可以从气候和肉食说起。大约200万年前，在南猿和人属的交替时期，非洲大地又一次面临长期干旱，雨量减少，雨林进一步萎缩，变成疏林，疏林则变成热带稀树草原。人类祖先被迫离开疏林，走到热带稀树草原去觅食。这意味着他们放弃了树栖生活，不再爬树，完全用双脚在草原上活动了。草原上有许多食草动物，也有一些小型哺乳动物，成了人类肉食的来源。为了获取这些肉食，人类发明了石器，也演化出更完美的双足行走和跑步，去掠夺草原上的动物尸体，或追杀那些猎物。肉食也促进了人类的合作，改变了男女的关系。[82]

下次如果有人问你要吃荤还是吃素，可别掉以轻心，要想一想，如果不是 200 万年前的这场肉食革命，我们今天很可能还留在非洲疏林和热带稀树草原边缘，像牛羚、斑马那样，只顾着各自埋头孤零零地专心以吃草为生，不懂得合作。

三、150 万年前的直立人脚印

150 万年前，在肯尼亚北部伊莱雷特（Ileret）的一个湖边，有一群人（很可能是直立人）走过一片泥地，留下了他们的脚印（见图 5.5）。2007—2014 年，科研人员在那里挖掘，发现了许多脚印，清晰的有 97 个，分属 20 多个人，大部分为成年男性。这些脚印跟 366 万年前南猿在坦桑尼亚莱托里留下的脚印一样，成了人类演化史上的重要证据，可以让今天

图 5.5　150 万年前直立人在伊莱雷特留下的脚印（Brian Richmond）

的学者去研究古代人类祖先的行走姿势、脚掌骨骼结构，甚至身高和体重。

科研人员把伊莱雷特脚印和莱托里脚印，以及今天非洲当地居民的脚印做对比分析，发现伊莱雷特脚印和莱托里脚印所显示的行走姿势有很大的不同，而跟现代人的行走姿势基本吻合，仿佛就像现代人在沙滩上留下的脚印一样生动。他们的脚掌也有明显的足弓，行走起来比南猿省力，这表示人类最迟到150 万年前直立人的阶段，已演化出我们现代人那种流畅的双足行走方式了，且步幅大，显示他们的双腿长，身材高大，不同于南猿的短腿和矮身材。这样的长腿和身材也很适合跑和走，让直立人可以持续长跑去追杀猎物，或快跑到草原上有动物尸体出现的地方，跟其他掠食者，如野狼，争夺肉食。[83]

专家根据足迹的长度、宽度和深度，推测这些直立人的体重平均为 48.9 千克，跟今天伊莱雷特地区非洲男女平均体重差不多。这表示，脚印主人的体形比南猿的高大，可以证明 150 万年前，人类祖先的身体开始增大。

更有意义的是，脚印清楚显示，一群直立人，大部分为成年男子，在同一个热带稀树草原的湖畔集体走过，一起合作进行某件事。这说明直立人有集体组织，可以有群体行为，比如男女分工找寻食物——女性负责采集地下根茎类食物，男性负责狩猎或掠食。[84]

四、无毛的身体

希腊哲学家柏拉图形容人是"无毛的双足行走者"（featherless biped）。今天，在灵长类动物中，人是唯一没有多少体毛，而且汗腺密度最高的哺乳动物。但 320 万年前，在南猿露西的时代，她还是全身毛茸茸的。那么，人的体毛是在什么时候掉落的？

有遗传学家根据毛发的基因研究这个问题，得出的答案是：约 170 万年前。那正是直立人出现的时代。他们不再树栖，而是活跃在非洲干旱炎热的热带稀树大草原上，每天需要走或跑上约 10 千米路，采集地下根茎类食物，或寻找肉食，身体会产生大量的热。为了散热，身体需要流汗，但全身毛发不利于流汗，只能像狗等动物那样，通过张大嘴巴大口喘气来散热。于是，人慢慢演化出非常容易散热的无毛身体，并大量增加全身的外分泌汗腺（俗称小汗腺），以流汗的方式来散热，只留下头部、腋下和私处的少数毛发。近年来，生物学家已经找到了外分泌汗腺替代体毛的基因机制。[85]

高密度的汗腺取代了体毛，可以让人体非常有效地散热，可以让今人在大约三小时内跑完全程马拉松（42.195 千米），中途不必停下来休息散热。没有其他陆上大型哺乳动物可以像人类这样如此长跑，拥有如此完善、如此容易散热的身体。这是直立人在非洲草原上为了生存而演化出来的一项本领，也是直立人留给我们现代人最珍贵的遗产之一。

为了不让身体过热，直立人还演化出高挺的鼻子。黑猩猩的鼻子是塌下去的，南猿露西的也一样，但直立人的鼻子却是挺起的，有鼻腔，在化石上有其痕迹，直到现代人都如此。欧洲人的鼻子一般比亚洲人的更高挺。这样的鼻子有替身体保湿的功能，可以防止肺部在干旱的非洲草原上脱水。[86]

在直立人的时代，弓箭等武器还没有被发明。直立人是如何长跑去追杀猎物的？很简单，利用人体毛消失以后容易散热的身体，把猎物（比如牛羚）追到热死！这也是现代非洲和南美洲某些狩猎-采集族群仍然普遍采用的好办法。一旦发现（比如说）牛羚的足迹，直立人可以耐心长跑追上去，像跑马拉松那样。牛羚虽然跑得比人快，但它全身是毛，难以散热，跑一段路就需要停下来通过喘息散热，否则会被热死。然而，直立人不需要通过休息散热，经过几个小时的长跑后，就可以追上牛羚。这时，牛羚已经被追赶到热昏了，倒地就擒。[87] 如此看来，人类长跑的起源，竟然是为了吃肉。

相比之下，跟人类最亲近的黑猩猩住在森林深处，有树荫的庇护，活动范围很小，每天只走大约 2 千米，没有散热的问题，到现在还保有全身毛发。但这也意味着黑猩猩的世界很小，如今依然局限在森林内，走不出非洲。你若想在非洲以外的地方见到黑猩猩，一般只能在动物园内见到那些在非洲雨林里被捕捉并囚禁的黑猩猩。然而，人类没有了毛发，却更能适应种种炎热或寒冷的环境，可以走出非洲，向全世界扩散。

五、终于有些人样了

所谓人类演化史，基本上就是猿的身体如何慢慢演化成人的身体的过程。整个历程充分展现了演化惊人、伟大的力量：它可以把猿类变成人类。但演化也需要非常漫长的时间。从 600 万年前人类和黑猩猩分手算起，到 440 万年前的阿尔迪时代，历经了 160 万年的演化，人还是长得像猿，只是开始学会双足行走，而且走得还不是很好。又经过 100 多万年的演化，到 320 万年前的阿法南猿露西的时代，露西的双足行走总算有些进步，走得比阿尔迪稳健，但露西还是长得矮小，头脑小，手长腿短，大腹便便，没有腰身，全身还是毛发，像黑猩猩多过像现代人，而且她还住在树上！

一直到大约 200 万年前直立人的时代，我们才看到图尔卡纳男孩那样精彩的人物终于有些人样了。古人类学家常形容他是个"美少年"，拥有"漂亮的骨骼"，主要指他的骨骼相当完整，也指他几乎脱尽毛发，皮肤黝黑，身材高大，头脑增大，两腿修长，两手较短，腹部收小，有了腰身，几乎像现代人了，不再像猿类，也不再住在树上，而是在热带稀树草原上活动觅食。他这种身材和脚部骨骼，不但双脚走得比露西好，步伐流畅，步幅大，而且非常适合长跑去追杀猎物，也适合走远路。如果他在现代操场上远远走过来，你会一时眼花，以为是哪个邻家美少年忘了穿衣服就跑出来玩（是的，直立人还没有发明衣服。人类要到大约 7 万年前的智人阶段，才晓得穿衣服）。

到了 200 万年前左右，人类演化终于达到了一个高峰，有能力走出非洲，上演一场轰轰烈烈的《出非洲记》（*Out of Africa*），开始去征服中东、高加索地区、东亚和东南亚等地。最早走出非洲的人类，就是像图尔卡纳男孩那样的直立人。

第六章

直立人出非洲记

2011 年 1 月底，深冬时分，我来到北京市以南约 50 千米的周口店遗址博物馆，为的是一睹北京人出土的地点。周口店四周是高山，灰兮兮、光秃秃的，几乎没有什么树木，在冬天更有一种无比悲凉的感觉。据最新的测年，北京人从大约 78 万年前起，就在这里生活，属于直立人的一种。参观完毕后，在博物馆正门的入口处，我和那个号称"北京猿人"的大型人头塑像合拍了一张照片（见图 6.1），带走一个疑问：这个北京人其实长得很像人，不像猿啊，为什么还称他为"猿人"呢？答案见下文第六节。

　　隔了一年，2012 年 2 月，我去了直立人在亚洲的另一个出土地点——印度尼西亚爪哇岛中部的桑吉兰（Sangiran）参访。1891 年，荷兰军医杜布瓦（Eugene Dubois）幸运地在附近的特里尼尔（Trinil）发现了一些头盖骨和骨骼，后来被

图 6.1　本书作者和北京猿人塑像（赖韵琳）

证实它们属于直立人，俗称爪哇人。1936 年和 20 世纪 70 年代，古人类学家也在这一带找到更古老的人类化石。经古地质学家最新的测定，它们距今约 166 万年前，比北京人还要古老。

　　如今，这里建有一座小型博物馆，但离化石真正出土的梭罗河边还有约 10 千米的乡间小路，许多时候只有摩托车才能通行。我当时住在日惹市（Yogyakarta）的一家小旅馆，就在火车站隔邻。于是一天早上，我乘坐一列火车，来到 60 千米外的梭罗站，再从梭罗站叫了一辆出租车，到桑吉兰博物馆去。参观完毕后，我遇到一个爪哇中年男子。他说，20 世纪 90 年代，他加入了日本东京大学的一个研究团队，在当地协助搜寻过直立人的化石。他很健谈。最后，他用他的摩托车载我到出土地点去看看，收费还算合理。

桑吉兰直立人化石出土的地点位于河边，那里原本建有一座纪念碑和围墙，如今长满杂草，没见到任何标志，似乎无人管理。四周是稻田或甘蔗田。直立人出非洲记，是人类演化史上的一件大事，对人类后来的发展影响深远。真没想到，我竟是以如此"随兴"而又"克难"的方式，去参访直立人的一个遗址。

一、上陈遗址和直立人离开非洲的时间

然而，不论是北京人还是爪哇人，现在都已被证实不是在东亚出土的最古老的直立人。还有其他一些直立人，比他们更古老。例如，在中国，云南元谋人的两颗门牙（170 万年前）、河北泥河湾出土的石器（166 万年前）以及陕西公王岭蓝田人的头骨（163 万年前），都比北京人的年代早。此外，西亚格鲁吉亚共和国的德马尼西（Dmanisi），位于土耳其东北部高加索地区，也是古代长安到拜占庭帝国的丝绸之路上的一个重要驿站。从 1991 年开始，德马尼西也陆续出土了一批直立

人的化石和石器，可追溯到 185 万到 177 万年前。这就把直立人离开非洲的时间往前推到 185 万年之前，一般说是在 200 万到 190 万年前左右。

不料，2018 年 7 月，英国《自然》杂志发表了一篇重要的研究报告：中国科学院广州地球化学研究所研究员朱照宇，联合中国科学院古脊椎动物与古人类研究所黄慰文研究员和英国国家科学院院士邓尼尔（Robin Dennell）教授，以及国内十余个单位的研究者，历经 13 年（2004—2017）调查研究，在陕西蓝田县黄土高原的上陈村（见图 6.2）发现了一个旧石器时代遗址（见图 6.3）。科研人员以古地磁法测年，把最古

图 6.2　陕西蓝田县黄土高原的上陈村（朱照宇）

L15

S15

S22

图 6.3　上陈遗址的层位及其出土的石器（朱照宇）

老的石器定为距今约 212 万年前，最年轻的石器则为 126 万年前。这表明，在长达 86 万年左右的时间里，这里曾经有人连续（或断断续续）居住过。[88]

　　这一次发现，使上陈成为目前所知非洲以外（以及中国境内）最古老的古人类遗址（见图 6.4）。这比德马尼西直立人遗址的年代（距今约 185 万年）还早约 27 万年。

　　上陈遗址的第 15 层古土壤（S15）至第 28 层黄土（L28）层位埋藏着 82 个被打击过的石头和 14 个未经打击的石块。打击过的石头包括石核、石片、刮削器、尖状器、钻孔器和手镐，都是古人类早期使用工具的证据。石器的形制简单，类似非洲奥杜威第一模式石器（见图6.5）。目前还无法确定这些石器的制作者是什么人，但从年代看来，最有可能是直立人。如果是，那么直立人走出非洲的历史又要被改写了，比之前所

图6.4　考古人员在陡峭的山壁上挖掘（朱照宇）

图6.5　上陈遗址出土的一些石器（朱照宇）

知的年代要提早约 25 万年。

上陈遗址可能也要改写一部分人类演化的历史。以往，古人类学家一向认为，直立人是在非洲演化的。但自从德马尼西的直立人化石出土之后，格鲁吉亚的专家就开始提出一个假说：直立人未必是在非洲演化的，有可能是在亚欧大陆演化的，一部分再迁回非洲，另一部分向世界其他地区扩散。[89] 现在，上陈遗址的年代也使得这个"直立人起源于亚洲"说获得了另一个证据的支撑。不过，欧美学者目前还未接受这种假说，除非有更多的化石出土。所以，本书仍采用学界主流看法——直立人起源于非洲，在大约 200 万年前走出非洲，向世界其他地区迁移。

虽然上陈遗址的年代比德马尼西的还要久远，但它只有石器出土，没有发现人类化石（这点类似泥河湾遗址，见下文）。这就好像王维的诗《鹿柴》所说，"空山不见人，但闻人语响"，留给后人无限的遐思和惆怅。出土的石器可以证明，上陈遗址曾经有人居住过，但上陈没有发现人类化石，终究难免是一大遗憾。研究报告的作者之一、英国的邓尼尔教授，在受访时幽默地说："我们大家都很想要找到一个人族成员，最好他手上就拿着一件石器。"[90]

应当一提的是，上陈遗址的地面，目前因为广泛的耕种，无法做大规模和更深层的发掘。科研人员希望将来可以扩大发掘范围，或许能发现人类化石和更古老的石器。

美国地质和人类学家卡普曼在评论上陈遗址时指出，从东非到东亚的行走距离大约是 1.4 万千米，这是一段相当长的路程。但早期人类的扩散，和今天狩猎-采集社群的高度移动性类似，一旦当地食物发生"资源枯竭"（resource depletion）的现象，他们就会被迫迁移到下一个地点，以至于他们经常需要迁移。假设他们一年移动 1 千米 ~5 千米，则他们可以在 1000~3000 年内从非洲抵达现今的中国。[91]

二、德马尼西的直立人

人类的演化史，许多时候要拿来跟黑猩猩的演化史相比，才能看出人类演化之不同。比如，黑猩猩跟人类分家以后，在过去 600 万年来，始终走不出非洲雨林，到现在还住在封闭的大森林的树上。然而，人类不但走出了森林，最初走到比较开放的疏林，最后又走到最开放的热带稀树草原上觅食，脱离了树栖，而且走出了非洲大陆，如今扩散到世界上几乎每一个角落，适应了地球上各种炎热或寒冷的天气，成为今天地表上最有优势的一个物种。

当然，人类跟黑猩猩分家以后，并非马上就可以走出非洲，而是花了约 400 万年的时间做准备。300 多万年前南猿露西那样的身体，像猿多过于像人，仍然不具备条件走出非洲。

一直要到约 200 万年前的直立人，才演化出比较接近现代人的那种体形和双足行走，可以走出非洲了。

　　我们对直立人走出非洲以后的历史知道得比较多，主要靠德马尼西出土的那批直立人化石。从 1991 年开始，这里发现了 5 个头骨和许多骨骼化石（见图 6.6），是至今为止世界上出土最多直立人化石的地点之一（另一个为北京周口店），大大填补了直立人历史的空白。这些德马尼西人，距今约为 185 万到 178 万年。他们虽然都被归类为直立人，但长得比所谓经典直立人（即图尔卡纳男孩那种类型）矮小一些，身高约 145 厘米 ~166 厘米，体重约 40 千克 ~50 千克。脑容量也比后来的直立人小，大约为 600 立方厘米 ~775 立方厘米，只比南猿露西的大一些。[92] 科研人员认为，这可能是最早演化出来的直立人，在非洲诞生后不久，就离开非洲，还处于这个物种演化的初期。至于那些没有离开非洲的，则继续留在非洲演化，几十万年之后，身体才变得更高大，脑容量也增大，像 160 万年前的图尔卡纳男孩那样。

图 6.6　德马尼西出土的五个直立人头骨（M. S. Ponce de Leon & P. E. Zollkofer，University of Zurich）

换句话说，直立人跟智人一样，群体内存在着人体差异的现象——有些人长得高大，有些人长得矮小。不同时代，不同地区，不同生态环境中的同一个人类物种，也可能有不少差异。德马尼西人所展现的人体差异，实际上在合理范围内，并不表示他们是另一个物种。

　　不过，德马尼西人也显示，人不需要太大的脑容量，也能走出非洲。关键在于，他们的脑容量虽小，但双腿比较修长，具有现代人的身体比例，脚骨也很接近现代人的，双足行走应当比南猿露西更省力、更快，可以长跑去追杀猎物。在德马尼西遗址发现的大量石器和动物骨骼上的切痕，表明德马尼西人依靠狩猎或捡尸为生，食用大量肉类，不再像南猿露西那样主要吃素，只有少量肉食。

　　欧洲大陆曾经出土过不少尼安德特人的化石，但直立人是否曾经到过欧洲，目前是个疑问，还没有充分的化石证据。欧洲出土的最古老的人族成员化石是在西班牙被发现的，可追溯到约 120 万年前，但它被归类为先驱人，而非直立人。[93] 有不少人误以为，德马尼西遗址位于欧洲，其实不是，它位于高加索地区，在欧洲和亚洲的交界处，一般说是在西亚。

三、直立人离开非洲的原因

人类是在非洲和黑猩猩分家后演化而来的。在最初的大约400万年，人类一直住在非洲，没有离开，但演化到直立人的时代，在200万年前，为什么又要离开？

第一，离开是为了生活，寻找食物求生存。今天的人类为了追求更美好的生活，往往会从比较贫穷的国家移民到比较富裕的国家。或者，为了逃避战争，会逃离某一国家，作为难民逃到另一个国家。人类和好多动物一样，其实都是永远在移动或迁移的物种，主因都是求生活。当一个地方因为干旱或天灾等因素找不到吃的东西时，人类为了生存，自然而然就会转移到另一个地区去觅食求生。动物也一样。今天，非洲塞伦盖蒂大草原上的数百万头牛羚，每年都会在夏秋之间按时进行大规模的集体迁移，千万蹄奔腾，发出如大瀑布奔流般的声响，十分壮观，就是为了寻找丰美的水草。

科研人员推论，直立人离开非洲到亚洲去，主要是为了追捕猎物以求生存。200万年前，非洲大地又经历惯常性的干旱天气，草原上的食物短缺，不少草原动物也在迁移觅食，往近东和亚洲方向移动。最早期的直立人为了追猎这些动物，也不知不觉往亚洲方向移动，甚至没有意识到自己在"迁移"，就离开了非洲大陆。其中有一批直立人，在10多万年之后，约185万年前，来到德马尼西生活。他们的遗骨被现代的科研人员发现了。

第二，身体的演化。直立人的身体和双足行走，已演化到比南猿更佳的境地，很接近现代人，很有"人样"，可以长途远行了。直立人之前的南猿属身材比较矮小，双足行走的方式也有些笨拙，还没有达到直立人的流畅步伐。这都限制了南猿的活动范围，使得他们走不出非洲。

第三，肉食。南猿开始学会吃肉，但主要食物还是植物性的。直立人大量增加肉食，这不但让他们的身体长高长大，脑容量增大，而且可以让他们摆脱吃植物性食物的地域性限制，不必像吃素的黑猩猩那样，必须依赖大森林内的果子和 C3 植物，至今还离不开大森林。直立人可以走向非洲的热带稀树草原，猎取草原上的动物，最后扩大了活动范围，离开非洲大陆，走向更遥远的亚洲。这是肉食带来的好处之一。

第四，石器的发明和改良。直立人不是第一个懂得制作石器的人族成员，但他们的石器制作技术肯定比先前的人族成员成熟，可以达到更高的水平，比如在泥河湾马圈沟遗址所展现的那种水平——可以用最简单的石器屠宰和分享一头大象。直立人带着他们的石器走向未知的新疆域，就像数百年前美国历史上的那些牛仔，带着枪支，骑着马，闯向美国西部的蛮荒一样（Have gun, will travel）。直立人则是"有了石器，就远行"（Have stone, will travel）。

以上四个原因，有近因，有远因，何者最重要？恐怕肉食最重要。约 300 万年前的人族成员，因为疏林的植物性食物不足，被迫走向热带稀树草原去寻找更多的动物。为了吃肉，人类发明了第一个科技——石器。摄取了大量肉食后，人演化出更大的脑容量、更高大的身体、更流畅的双足行走，最后又为了追杀猎物，取得肉食以生存繁衍，在不知不觉中离开非洲，如今成了占据地球上几乎每一个角落的 70 多亿智人。

四、直立人离开非洲的方式和速度

德马尼西距离东非人类的发源地大约为 6 000 千米。远古时代的所谓"迁移"，并非像现代那样，需要走上几十千米或几百千米的路。研究直立人的古人类学家苏姗·安东（Susan Antón）推测，直立人每年只需移动 1 千米，在 1.5 万年内，就可以从非洲走到印度尼西亚。[94] 当然，这不是一代人就能完成的事。假设一代为 25 年，这需要 600 代直立人的努力。换句话说，离开非洲的第一代直立人，只走了约 25 千米。第 240 代走到德马尼西，第 360 代走到中国（云南的元谋人），第 600 代可以走到印度尼西亚的爪哇岛。

以此推测，直立人在 200 万年前离开非洲，但他们的遗骨化石，却在 185 万年前才出现在德马尼西遗址。这表示，他们在路上走了 15 万年，才走完这 6 000 千米路，平均每年只走了 0.04 千米。这显示，他们必定是在路上时走时停，而且停下来的时间可能长达数年，比真正迁移的时间还要长，甚至走了一条迂回的路，最后才抵达德马尼西。

以这么缓慢的迁移速度来看，直立人大约是以 25~50 人组成一个游群（band），由一个大家长当首领，过着一种流浪式的生活，靠采集和狩猎为生。当他们暂时的聚居地点周围可以采集和狩猎到的动植物消耗殆尽的时候，他们就会被迫迁移到下一个地点，但只需搬到数千米外，就能找到新的食物来源，类似现在的狩猎-采集社群。[95] 同时，当一个游群的人口增加时，他们也会分裂成两个游群，其中一群迁移到另一个地点去。这样走走停停，经过数百代人和数千数万年的漫长迁移，直立人便可以从非洲走到德马尼西、中国和印度尼西亚等地了。

以历史时间来看，15 万年是非常漫长的，等于经历了 30 次 5 000 年中国历史。但在演化和地质时间上，这只不过是一瞬间的事，微不足道。想想看，直立人在地表上生存了约 200 万年才灭绝，花 15 万年去"征服"亚洲只是小事一桩，还有许多时间可以去做其他事。比如说，他们演化出更大的脑容量和更高大的身体，可以向西亚和东亚更高纬度的寒冷地区移动。

我们今人常常喜欢把直立人向全世界的扩散形容成一种"征服"，一种"殖民"。实际上，直立人应当没有这种"征服"

和"殖民"的意识。他们只不过是为了生存，为了寻找食物，追捕猎物，才不断在移动、搬家，永远没有固定的居所，一直要到约1万年前，人类懂得了耕种，发明了农业，才能定居下来。

五、直立人来到中国

6 500万年前，恐龙在地球上灭绝时，现今中国的土地上只有壮丽的山川和树林，以及剑齿象等古生物。我们不妨想象一下，当时整个中国空无一人，和现在14多亿的人口，对比一定非常强烈。那仿佛科幻小说中的场景，外层空间一个崭新的寂寞星球，在默默等待着人类的降临。

一直要到200万年前左右，中国的土地上才开始有人类出现，那就是来自非洲的直立人。

1985—1986年，重庆市巫山县龙骨坡遗址出土了一个左侧下颌骨和牙齿化石（见图6.7）。据发现者黄万波1995年那篇《自然》杂志的英文论文，其年代可追溯到190万年前，但不知何据，好些中文资料和教科书则说是204万到201万年前。化石原先被认为是在东亚出现的最古老人类，但巫山人一直有"是人还是猿"的争议。中国科学院的古生物学家吴新智就认为巫山人"属于猿类"。[96] 2009年，《自然》杂志上又

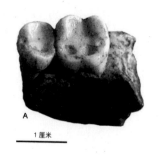

图 6.7　巫山人的左侧下颌骨和牙齿（黄万波）

有一文，由 1995 年那篇论文的作者之一、美国古人类学家拉塞尔·乔昆（Russell Ciochon）撰写，认为巫山人是猿，而非人族成员，撤回了 1995 年的说法。[97]

人类有 600 万年的历史。200 万年前的直立人已经是一个很晚的人类物种，之前还有其他物种，如杜迈、阿尔迪和南猿等。中国并非人类的发源地。即使巫山人不是猿，而是人族成员的直立人，他也不可能起源于中国，因为直立人的起源地只有一个——只在非洲，不在中国。中国境内发现的直立人化石，应当都源自非洲。最知名、最主要的有下面几种。

（一）云南元谋人

抛开有争议性的巫山人不谈，从化石证据看，最早从非洲来到中国的直立人，应当是在云南元谋县出土的元谋人。事实上，元谋人也未必是最早来到中国的非洲直立人，很可能还有其他更早的抵达者，比如前面提到的上陈遗址的石器工匠，但他们的化石至今还没有被发现，所以我们暂时只能说元谋人是最早的，距今大约 170 万年前。

很可惜，元谋人只有上颌左右两颗门牙的化石出土（见图 6.8），其形态类似周口店直立人的。但元谋人没有任何头骨和身体骨架出土，我们对其所知甚少，只能根据化石的测年，判断那两颗门牙属于直立人。

2008 年，地质学家朱日祥的研究团队在美国《人类演化期刊》上发表报告，它是至今为止对元谋人所做的最严谨的研究。他的团队以古地磁测年法，把元谋人出土地点的年代确定

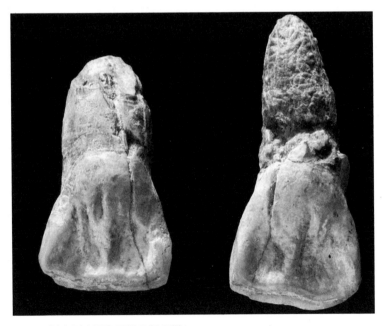

图 6.8　元谋人上颌左右两颗门牙的化石（朱日祥）

为 170 万年前。这一测年，使得元谋人成了在中国发现的最古老的人类。这项研究也对出土地点的动植物化石，包括软体动物、鱼和龟，做了精细的搜集和分析，发现元谋人生活的场域靠近一个湖或沼泽地带（类似德马尼西遗址），是个开敞的场景，但附近有疏林和森林。这显示，来到东亚的直立人，已经能够适应多样化的生态环境。[98]

（二）河北泥河湾人

泥河湾盆地遗址位于北纬 40 度河北张家口市阳原县，比北京还要往北。据朱日祥研究团队精确的古地磁测年法，其年代距今约 166 万到 78 万年前。其实，我们并没有真正发现泥河湾人的化石，只找到他们遗留下来的许多石制品（属于最简单的奥杜威第一模式），特别是在马圈沟遗址，情况就像陕西蓝田上陈遗址那样——"空山不见人，但闻人语响"。这是直立人最早在中国及东亚到达的最高纬度，并且在大约 90 万年的时间内，长期占据这个高纬度盆地。这说明他们已经演化出一种能力，可以适应高纬度地区各种复杂的气候环境。[99]

泥河湾一个最动人的场景，是在马圈沟第三文化层。考古人员不但发现了直立人的石制品，而且发现他们曾经使用这些石制工具屠宰和分食一头大象：

2001 年夏，〔主持马圈沟考古的〕谢飞带领考古队员们对马圈沟第三文化层展开发掘。10月的一天，在一个约60平方米、发掘已很深的探方中，一名队员忽然发现了一根灰黑色的象牙！谢飞放下手中的手铲，用竹签和毛刷一点点将象牙周围的泥土剔除。慢慢地，一头被肢解的大象骨骼残迹被清理出来（见图6.9）。他们惊喜地发现，多数骨骼保存有十分清晰的砍砸和刮削痕迹，其中一件燧石刮削器恰巧置于大象的一根肋骨上（见图6.10），勾勒出一幅极为形象的人类群体肢解动物、刮肉取食的进餐场景。[100]

图6.9 泥河湾马圈沟出土的大象遗骸（河北文物研究所）

图6.10 一件燧石刮削器恰巧置于大象的一根肋骨上（河北文物研究所）

这头大象是现已绝种的草原猛犸象（*Mammuthus trogontherii*），重约 6 000 千克。现代人凭借精良、锋利的刀具，甚至动用电动钢锯，恐怕都不易将其肢解。那 100 多万年前的泥河湾人，只靠那些小小石片，就能够解剖一整头猛犸象吗？

考古报告没有讨论泥河湾人如何准备一场大象餐，但我们可以在东非的考古活动和资料中找到一些佐证，表明泥河湾古人的确有本领解剖大象，分食其肉（见图 6.11）。

在这张照片中，美国旧石器时代考古人类学家屠尼克（Nicholas Toth，他曾到泥河湾考察过），在东非肯尼亚一个

图 6.11　考古人类学家屠尼克在东非以仿造的奥杜威型原始石片肢解一头大象的尸体（Nicholas Toth/*Scientific American*）

考古遗址附近，和他的一群研究伙伴在肢解一头大象。这头大象并非人为杀害的，而是自然死亡。屠尼克和友人正在进行实验考古，以他们自己仿造的奥杜威型最原始石片肢解这头重达5 000多千克的非洲野象。结果证明，以这种最粗糙、最简单的石片，就可以切割开厚约一英寸的大象外皮。然后，他们再以其他适当的石头工具，便轻易分解了大象的肋骨，再将其分切成一块一块象肉，装入大桶中，拿去称重。他在书中有几段精彩的文字，描写了屠宰大象的过程：

　　我们曾经有过两次机会，以〔我们自己打造〕的石头工具来做终极的实验——屠宰大象（自然死亡）。对于这样的任务，我们有点不看好，但还是带着简单的火山岩、燧英石片和石核，走向那个庞然大物。越走向前，这些石片和石核看起来就越显得微不足道。起初，看到一头重达12 000磅①的动物尸体，是相当令人心惊的——我们该如何开始？我们从未见过屠宰大型厚皮动物的教战手册，而且它们并不像较小型动物那样，可以任你随意翻转它们的尸体（比如想翻过来取得更好的角度），除非你使用重型电动机械。尸体躺在哪，你就得在哪就地解剖。

---

①　1磅≈ 0.45 千克。——编者注

虽然我们过去曾经数十次成功屠宰过其他动物，但这回面对大象，我们不是那么肯定。然而，当一片小小的火山岩石片切开大象那大约一英寸的钢灰色皮革，暴露出里面饱满、鲜红的大量象肉时，我们都惊呆了。这个关键的障碍清除后，跟着分切象肉便相当容易了。[101]（赖瑞和译）

经过这两次屠宰大象的实验，屠尼克对那些"最简单"、"粗糙"和"未经修饰"的奥杜威型石器充满了敬意：

这些实验证实，最简单的石器技术，甚至可以用来宰杀陆地上最大型的哺乳动物。

今后，我们面对马圈沟（或上陈等其他遗址）那些毫不起眼的小石片，也应该充满敬意才对。毕竟，100 多万年前，这样的小石片，显然曾经被泥河湾人用来宰杀中国史前的一头巨型猛犸象。

（三）陕西蓝田人

蓝田人一般指在公王岭被发现的一个头骨，它有别于在 20 多千米外陈家窝子被发现的一个下颌骨（约 65 万年前）。据朱照宇最新的古地磁学测年，公王岭头骨及其地层可追溯到

163 万年前，是目前在中国发现的最古老的头骨，也是个直立人头骨（在元谋只发现了两颗门牙）。[102] 公王岭遗址距离上陈遗址只有大约 4 千米。学者推测，这个公王岭头骨，很可能跟上陈的那些石器制作人有某种关系，与他们是同一批人。

（四）周口店北京直立人

1929 年，裴文中在周口店发掘出一个几乎完整的北京人头骨时，非洲还没有什么古人类的化石被发现。北京人的出土，引起当时古人类学界的高度重视，甚至有很长一段时间，中国被认为是人类的起源地——北京人是"最早的人类"。[103] 当时的学界对人类的演化还没有一个清楚的认识，也没有足够的化石证据去探讨北京人来自何处，似乎假设他是在中国本土演化而成的。

然而，从 1959 年开始，非洲出土了一系列比北京人更古老的人类化石，如阿法南猿露西、阿尔迪、杜迈等，把人类的历史往前推到 600 万年前。从此，人类的起源地也确定是在非洲，直立人也是在非洲演化的，在 200 万年前才离开非洲，往亚洲扩散。在这个背景下，最新测年顶多约 78 万年前的北京人，显得"年轻"极了。他或他的祖先应当是来自非洲的直立人。

为什么直立人不可能在中国演化而成，而必须来自非洲？因为演化要有一个更古老的物种才行。我们现在知道，非洲的直立人是从更早的南猿（或其他更早的物种）演化而来的，而南猿和更早物种的化石，在非洲出土相当多，露西就是最有名的一个，清楚显示非洲具有条件去演化出直立人。但中国至今从未发现过南猿或更早人类物种的化石。没有南猿等，怎么可能演化出直立人？直立人可不是凭空而降的，必须得从另一个更古老的物种演化而来。所以，中国出现的直立人，如北京人和更早的元谋人、蓝田人等，也都不是凭空而生的。最合理的解释是，他们源自非洲的直立人。

据吴新智的文章描述，"北京人的化石包括 6 个头盖骨、头骨破片 40 多件、四肢骨 10 多块、牙齿 153 颗，其中一部分连接在上颌骨或下颌骨上"。从数量来看，北京人的出土化石，其实可与德马尼西的直立人化石相媲美。周口店是世界上直立人化石出土最多的地点之一。但很可惜，北京人的头骨在"二战"期间失踪，至今下落不明，幸好有复制的石膏模型收藏在北京和纽约等地的博物馆中。

六、猿人和人

我每次见到"元谋猿人""蓝田猿人""北京猿人"这些称呼时，总有一种"怪怪"的感觉，因为这些人既然已被归类为直立人，而直立人明明就是"人属"，且长得像现代人（智人）

多过于像猿，很有人的样子（见第五章），为什么还称他们为"猿人"呢？这似乎贬低了他们，给人一种时光倒退和时光错乱的感觉。露西被称为"阿法南猿"，还说得过去，因为她是人属之前更古老的物种南猿属，的确长得有七八分像猿，多过于像现代人（见第四章），而且她的学名 *Australopithecus* 中也的确带有"猿"字（*pithecus*）。

"猿人"是古人类学界从前的用语，欧美古人类学界现在已不用此词。爪哇人在 19 世纪末出土时，发现者杜布瓦医生最初以拉丁文把他命名为 *Anthropopithecus erectus*（直立人猿），后来又改名为 *Pithecanthropus erectus*（直立猿人），的确用了"猿人"这个词语。然而，北京人化石出土后，在北京协和医院任教的加拿大解剖学家步达生（Davidson Black），在 1927 年将之命名为 *Sinanthropus pekinensis*（中国人北京种），当时便不用"猿人"了。这个拉丁文学名本身其实并无"猿"的含义（*Sina* 即"中国"，*anthropus* 即"人"）。

从步达生开始，英文论述提到这个物种，也都说是 Peking Man（北京人），从未说是 Peking Ape-Man（北京猿人），但中文论述不知何故，都说成是"北京猿人"或"中国猿人北京种"，无端加了个"猿"字。难道是把希腊文 *anthropus*（人）误解误译为"猿人"，以至于沿用至今？1950 年，生物学家迈尔把爪哇人和北京人划归为 *Homo erectus*（直立人），从此确定了他们是"人"，不是"猿"。[104]

欧美的古人类学界如今早已抛弃"猿人"这种说法，一律将其统称为 *Homo*（人）。可喜的是，近年有不少学术性的中文论述，比较常用"北京人""蓝田人"等称呼，但"猿人"这个旧时用语至今仍然"阴魂不散"。若把北京人视为直立人（人属），又说他是"猿人"，那岂不是自相矛盾吗？为了正名，本书考虑再三，还是决定完全不用"猿人"二字。有学者说，"北京猿人"等词只是"俗称"，言下之意，似乎也不必太认真看待此词，能不用就不用。

七、直立人走出非洲的意义

200 万年前，直立人能够走出非洲，是人类演化史上的一件大事，一个重要的分水岭。在离开非洲之前，直立人只能在非洲演化——亚欧大陆并非人类的起源地，当时并没有人类的存在。直立人在亚洲的出现，意味着人类在地球上的扩张，一步一步填满几乎每个角落，以至于到了今天，全世界的人口超过 70 亿。人类成了地球上最占优势的物种，称霸于其他物种之上，是不折不扣的生物侵略者（biological invaders）。

直立人离开非洲，来到亚洲之后，便可以在地球的两个大洲同时繁衍、演化，不再局限于非洲一隅了。直立人成了第一个跨洲的人类物种。非洲和亚洲是不同气候、不同生态的地区。这考验人类的适应能力，也让人类演化出区域性的新物种，比如在中国，演化出郧县人等"古老型人类"（archaic humans），为智人起源的多地区演化说提供了支撑（见第七章），甚至演化出新的肤色，以至于今天世界各地的人，外表看起来都不一样，肤色多彩缤纷，不再只有非洲人的黑色（见第八章）。

直立人走出非洲，到达高纬度的德马尼西和泥河湾等地时，身体如何适应寒冷的冬天？哈佛大学灵长类动物学家理查德·兰厄姆（Richard Wrangham）推测，早在 200 万年前，直立人应该就已学会了用火，否则他们当时不再树栖，如何应付在夜间猎食的肉食性动物？[105]直立人学会用火，也让他们有能力去开拓新的疆土，征服寒冷的北国，用以御寒、烹饪、驱赶野兽。只可惜，用火的证据不容易被保存在考古遗址上。目前最早的、最确凿的用火证据，只可追溯到大约 100 万年前南非的一个洞穴，以及 79 万年前的以色列。[106]周口店直立人的用火证据，过去是有争议的，但根据 2016 年的最新研究报告，遗址"第四层的用火证据变得明确无误"[107]，但未提及其年代。

第七章

中国人从哪里来

人从哪里来？中国人从哪里来？我从小就很好奇。1976
年秋天，我刚上大学，进台大外文系念书时，对中国人从哪里
来就更感兴趣了，以为大学图书馆藏书丰富，可以帮我解开疑
惑。当时，我的想法是，数千万年前，在中国这块土地上，有
河流、高山、树木，甚至有恐龙等生物，但应当没有人类居
住。根据我小时候看的儿童书，我知道，恐龙时代是没有人类
的。后来，人不知怎样就突然"冒"出来了，在中国的土地上
活动。这些人是怎样来到中国的？是从天上掉下来的，还是像
植物那样，从中国的泥土里"长"出来的？（在 5 000 年前的
文明史之前，中国并不存在，故本章若提到文明史之前的"中
国"，皆指"如今被称为中国"或"后来被称为中国"的那片
土地。）

那时台大图书馆的中英文藏书还算丰富。于是，我兴冲冲

地跑到图书馆，借了好多《中国上古史》《中国古文明史》之类的书（那时还没有人类演化史的书），以为可以解开我的这些大谜。不料，我越读越迷糊，因为这些书一开始就大谈黄河流域、仰韶文化、龙山文化、东夷西狄等，但偏偏没有告诉我们，比如说，仰韶文化的创造者，属于什么物种的人类？这些人是在中国本土"诞生"的，还是从中国以外的地方迁移而来的？他们的祖先是谁？他们是怎样来到黄河流域的？

这些问题始终困扰着我，没有答案。一直到我50多岁开始阅读人类演化史的著作时，我才恍然大悟。原来，人类的历史竟长达600万年左右，从人类和黑猩猩分手那时算起（见第一章）。然而，《中国上古史》和《中国文明史》之类的著作，却只探讨人类有了所谓"文明"之后的历史，也就是人类发明了农业，建立了聚落和城邦之后的历史，起点大约在1万年前。所以，这些书的内容主要是讲述过去1万年来，人类演化到了智人新石器时期的历史，完全不理会之前的直立人或更早的南猿历史，因为那不是"文明史"，不在上古史或文明史的研究范围。因此，这些书也就不会告诉你，人类是怎样来到中国的，或中国人是从哪里来的。若想得到这样的知识，你就得去阅读人类演化史的书了。

如今从人类演化史的角度回头看，我可以信心满满地说，仰韶文化和龙山文化的创造者肯定属于智人种，因为从大约2万年前开始至今，地球上就只剩下单单一个人类物种了，那就是智人。至于比较古老的直立人、尼安德特人或在印度尼西亚发现的侏儒型弗洛勒斯人，都早已绝种了。1万年前的智人，在身体解剖学上，长得就跟现在的你我一样。他们那时懂得穿兽皮或树皮衣服，懂得用火，应当具有语言能力，但还没有发明文字（目前已知的是，5 000年前才有两河流域的苏美尔楔形文字，3 000年前才有殷商的甲骨文）。他们确实是在中国出生的，但他们的祖先是谁，却存在争议。学界有种种不同的说法。

一、人类的起源和现代人（智人）的起源

首先要厘清，人类的起源和现代人（智人）的起源，是两个不同的概念。中国科学院古脊椎动物与古人类研究所的吴新智院士，许多年前在腾讯的一段视频访问中就厘清了一个重要的区别，指出许多人把人类的起源和现代人的起源混淆了，以致产生许多误解和不必要的争论。

吴新智说："现代人起源，就是长得像我们这样的人的由来，人类起源指的是古猿在何时何地变成人。所以，现代人起源指的时间比较近，人类起源的时间久远得多。"简单说，人类的起源，涉及最早期的人族成员到直立人的那段演化历史（约600万年到200万年前），好比是人类的上古史和中古史，

但现代人的起源，只涉及人类在过去约 30 万年的演化史，等于是人类的现代史。

换一个说法，人类的起源指人类怎样从古猿演化而来。人类跟黑猩猩原本有一个共同的祖先，但在 600 万年前，两者慢慢分离。接着，人又经历了一个从"像猿"变成"像人"的过程，也就是如何从杜迈、阿尔迪、露西这些长得比较"像猿"的物种，逐渐演化成图尔卡纳男孩那种比较"像人"的直立人。这是一个物种形成和早期演化的问题（见本书第一到第五章）。人类这个物种的诞生地（起源地）只有一个，就是在非洲。关于这一点，学者都有共识。因此，吴新智又说："根据现有证据，比 200 多万年更早的人类化石在非洲以外没有被发现过，所以我们现在的共识是人类起源于非洲。"

人类的起源地没有争议，有争议的是"现代人的起源"。古人类学家所说的"现代人"（modern humans），并不单单指"活在现代的人"，而是有一个比较明确的定义，指的是"解剖学上的现代人"（anatomically modern humans）。更确切地说，指大约 30 万年前，从直立人演化而成的"智人"。这样定义的"现代人"，可以包括 30 万年前的某些古人，某些具有"现代特征"的古人化石。当然，现今分布在全世界的活人，不管是东亚人、欧洲人，还是非洲人，也都属于"现代人"，属于"智人"这个单一物种。由此看来，"现代人"是个含义非常广而又有些模糊不清的字眼。如果我们把含糊的"现代人的起源"改写为具体的"智人的起源",文意应当更清楚,可以避免许多误解。本书以下就用"智人"来取代"现代人"。

早期的人族成员,如杜迈、阿尔迪和南猿露西,都是在非洲演化而成的,住在非洲,活动范围也仅限于非洲,从未离开。他们都起源于非洲。从化石证据看,历史上从来不曾发现过"欧洲起源"或"中国起源"的南猿。关于这一点,大家没有争议。直立人一般也说是在非洲形成,从南猿演化而来的,这点也没有争议。

然而,智人的起源却是有争议的。问题的症结在于,直立人在大约200万年前离开了非洲,向中东、高加索地区、西亚和东亚等地扩散(见第六章)。这样问题就来了,因为这导致直立人分散到了世界各地,然后又在世界各大洲演化出所谓的"古老型人类"(archaic humans),比如欧洲的尼安德特人和西伯利亚的丹尼索瓦人。直立人在100多万年前来到中国时,也演化成吴新智等学者所说的"过渡类型"人族成员,比如湖北郧县人(有两个头骨出土,年代约90万年前)和山西大荔人(有一个几乎完整的头骨出土,年代约25万年前)。所谓"古老型人类",跟"古人类"的含义不同,但经常混用,须小心分辨。"古人类"一般指所有古代的人类,而"古老型人类"跟"过渡类型"一样,指那些在解剖学特征上介于直立人和智人之间的人族成员。他们最后又演化成智人。

换句话说,直立人离开非洲后,最后在欧洲可能演化出欧洲起源的智人，在中国也可能演化出中国起源的智人，以至于智人的身世不明，其诞生地可能有好几个，不容易断定。

目前，我们比较确定的是，那些留在非洲的直立人，在大约 30 万年前演化成智人。最新的证据，是在北非摩洛哥伊古德山（Jebel Irhoud）出土的一个智人下颌骨及牙齿（见图 7.1 和图 7.2），其研究报告在 2017 年发表。[108] 至于那些离开非洲，移居到欧洲、中亚和中国等地的直立人，也极可能在大约 30 万~20 万年前，纷纷演化成智人。这样一来，智人的起源地，就可能有好几个——最确定是在非洲，但中东、亚欧大陆和中国等地，都有可能也曾演化出"本土"的智人种。

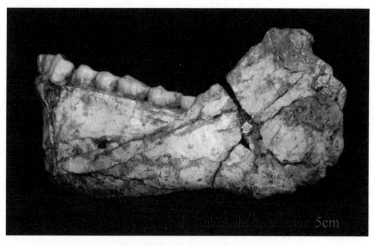

图 7.1 摩洛哥伊古德山出土的一个智人下颌骨及牙齿（侧视图，Jean-Jacques Hublin）

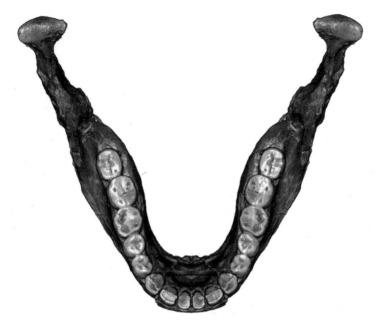

图 7.2　摩洛哥伊古德山出土的一个智人下颌骨及牙齿（咬合面，Jean-Jacques Hublin）

二、智人起源的两种假说

于是，智人的起源，便有了两派不同的假说。一派叫"晚近非洲起源说"（recent African origin，又称"替代假说"、"晚近单一起源假说"和"夏娃说"）。所谓"晚近"，指大约 6 万年前，跟直立人在 200 万年前走出非洲的"远古期"相对。此派的主要代表人物是英国自然历史博物馆古人类学家斯特林格（Chris Stringer，见图 7.3）。[109] 它的论点是，留在非洲的

图 7.3 英国自然历史博物馆古人类学家斯特林格，手持 1 万年前的切达人头骨（英国自然历史博物馆）

直立人，在大约 60 万年前，衍生出一个新物种——海德堡人。
约 40 万年前，有一部分海德堡人离开非洲，并分化成两个支
系。一支进入中东和欧洲，成为尼安德特人。另一支走向亚欧
大陆的东部，成为丹尼索瓦人，散居在西伯利亚阿尔泰地区和
东亚等地。留在非洲的海德堡人，最后在大约 30 万年前，又
演化成早期的智人。然后，在 6 万年前，这种智人有一部分
走出非洲，向全世界扩散。在他们所到之处，他们凭借更高超
的智慧和更精良的武器，把原本住在欧洲、东亚和东南亚等地
比较"落后"的尼安德特人、丹尼索瓦人等古老型人类，以及

中国的过渡类型人族物种完全消灭，取而代之，形成今天的欧洲人、东亚人和中国人等。

由此看来，这一派认为，直立人（或其后裔海德堡人）走出非洲后，顶多只在欧洲等地衍生出尼安德特人等古老型人类，或在中国衍生出郧县人和大荔人等过渡物种，但不曾演化出智人。今天全世界的智人，不是源自亚欧大陆各地演化而成的本土智人种，而是完全源自非洲的智人种。过去半个世纪，欧美学者几乎一面倒地支持这一假说，使它成了学界主流。但近年来，基因组研究盛行以后，特别是现代人被发现都带有尼人或丹尼索瓦人的少量基因后，此说略有一些"动摇"。

另一派叫"多地区演化说"（multiregional evolution）。其主要论点是，如今分布在亚欧大陆等地的智人，是在当地演化而成的"原住民"，其远祖是 200 万年前走出非洲的那批直立人。这些直立人来到中东、亚欧大陆、中国等地后，就在当地繁衍，先演化成尼人等古老型人类，或其他过渡类型物种，最后再演化成智人，并且跟那批非洲起源的智人有过基因交流，而不是被他们完全取代。此派的中坚代表是吴新智（见图 7.4）和美国密歇根大学的沃尔波夫（Milford Wolpoff，见图 7.5）以及澳大利亚国立大学的桑恩（Alan Thorne，见图 7.6）。20 世纪 80 年代中期，三人联合提出了这个假说。[110]

表面上看来，沃尔波夫好像不属于美国古人类学界的主流，但其实他的"辈份"很高。至今为止，他在密歇根大学培

图 7.4　吴新智院士（1928 年 6 月 2 日—2021 年 12 月 4 日，图片来自中国社会科学网）

图 7.5　沃尔波夫和他的韩裔女博士生李相僖（密歇根大学网站）

图 7.6　桑恩教授（澳大利亚 ABC 电视台）

养出 21 位博士，其中 2 人更是古人类学界的顶尖人物：一是青出于蓝的怀特（阿尔迪的发现者），二是威斯康星大学麦迪逊分校知名的古人类学家霍克斯。

这两种假说最关键的一个区别是：晚近非洲起源说认为，智人的起源地只有一个，就是非洲。欧洲和亚洲从来不曾演化出智人。所以，今天全世界的智人都源自非洲，包括今天的东亚人和中国人。但多地区演化说认为，智人是在多个地区（非洲、欧洲、亚洲）各自独立演化的，从直立人及后来的其他古老型人类演化而来，并形成不同地区的形态特征，比如欧洲智人体形高大，东亚智人体形矮小，等等。

三、欧美学者如何看待中国出土的智人化石

这两派的关键区别，在欧美学者看待中国出土的智人化石时最为明显。例如，2015 年 10 月，湖南道县福岩洞出土的 47 颗牙齿化石（见图 7.7）的研究论文，在英国《自然》杂志发表时，标题叫《华南最早无可疑的现代人》。[111] 这篇论文的联名作者多达 14 位，但通讯作者（也就是最主要的责任作者联系人）有三位：两位是中国科学院古脊椎动物与古人类研究所的刘武和吴秀杰，另一位是当时在英国伦敦大学学院任教的西班牙籍女学者托里斯（María Martinón-Torres，古人类牙齿

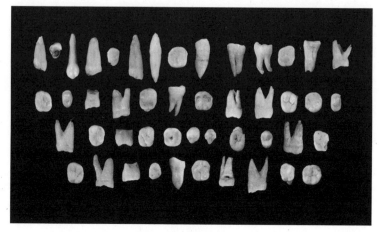

图 7.7　道县人的牙齿化石（邢松和吴秀杰 / 中国科学院）

专家）。论文的结论是：道县人牙化石的年代，根据研究团队
所做的严谨地质学测年，为 12 万到 8 万年前，其形态跟今天
现代人的牙齿一致，所以说是"无可疑的现代人"。

　　然而，按照晚近非洲起源说，智人是在 6 万年前才走出
非洲的。欧洲要到 4.5 万年前，才有智人（2019 年 7 月，《自
然》杂志发表一篇研究报告，宣称智人在 21 万年前已来到欧
洲希腊，但证据薄弱，尚有争议）。[112] 上海复旦大学遗传学家
金力的研究团队，根据中国人 Y 染色体分析所做的一系列论
文，也认为非洲的智人是在 6 万到 1.8 万年前抵达中国，并
完全取代原住民。[113] 那么，华南怎么可能早在 12 万到 8 万年
前，就有"无可疑的现代人（智人）"？这些道县人牙的主人，
看来不可能是非洲来的智人移民。那他们又是怎样在中国出现

的？难道他们正如吴新智等支持多地区演化说的学者所说，是在中国本土演化成功的"原住民"？

然而，这篇英文论文没有提到多地区演化说，甚至完全没有讨论这些道县智人既然在华南被发现，是否有可能在中国本土演化。论文骨子里仍然坚持晚近非洲起源说。面对这个 12 万到 8 万年前的测年，论文只好尝试"改写"非洲智人移民离开非洲的时间。它所能提出的唯一解释是，这些道县智人可能早在 6 万年前就离开非洲，而且走的是一条"南方路线"，不经由以色列北上高加索的近东路线，而是从阿拉伯半岛南下，沿着红海海岸线到印度，再走到华南。论文的通讯作者之一、英方的托里斯在接受《自然》杂志记者的"播客"录音访问（Podcast）时，进一步阐述了这个观点。[114]

英国埃斯特大学考古系的邓尼尔在《自然》杂志上评论这篇论文时，也完全采取晚近非洲起源说，认为道县人的牙齿化石"跟欧洲上新世和现代人的牙齿相似，意味着其来源是〔非洲〕移民，而不是直立人在当地演化的结果"。面对这些 8 万多年前的化石，他也跟托里斯一样，说智人走出非洲的时间需要被"改写"，可能要提前到 12 万到 8 万年前。同时，他推论，这些非洲智人移民在华南出现的时间，竟比他们在欧洲出现的时间（约 4.5 万年前）还要早好几万年，原因可能有两个：一是欧洲当时被尼安德特人占据，非洲智人无法移居；二是欧洲正处于冰期，天气酷寒，从热带非洲来的智人无法适应，只好向比较温暖的东方和亚洲南部迁移，以至于他们在华南出现的时间，要比他们到达欧洲和华北的时间早好几万年。[115]

不过，吴新智在 2016 年的一篇论文中反驳："这显然是固执夏娃假说，欠缺说服力的。"[116] 在这篇论文中，他详细列举了中国近年来发现的古人类和旧石器时代遗址，力证中国在 10 万到 5 万年前有人居住，驳斥非洲起源论者和遗传学家所说的中国当时因为受地球冰期影响，没有人类居住，有"断层"这一说法。道县人牙化石可证智人也可能是在中国本土演化而成的，未必是非洲智人的移民。

道县人牙化石是在中国出土的，由中国科学院的科学家以及英国和多位其他外国专家合作研究。中国的古人类学科研人员一向主张多地区演化说，在中文论文中也如此申论，但在这篇发表于英国《自然》杂志上的英文论文中，完全见不到任何多地区演化说的论点，只有晚近非洲起源说的假设。看来中国和英方的专家，有不同的看法。

不过，近年在欧美发表的一些论文里，也开始见到比较多的多地区演化说。例如，2017 年 10 月，美国得克萨斯州农业与机械大学的希拉·阿特雷亚（Sheela Athreya）和吴新智联名发表的英文论文，对山西大荔人做了更全面的最新分析，便提出了多地区演化说的观点。大荔人头骨（见图 7.8）和摩洛哥伊古德山发现的智人头骨（见图 7.9）很相似，都有类似智人的面部，但大荔人头骨看上去更原始。

摩洛哥智人头骨在非洲出土，证实智人起源于非洲。但阿特雷亚认为，大荔人头骨显示，智人的起源恐怕没有这么简单。她提出两个观点：一是从遗传学的角度看，非洲智人与亚欧大陆智人没有完全隔绝。少数人的迁移带来了基因的交流。这使得 31.5 万年前的摩洛哥智人的遗传特征，出现在 25 万年前的大荔人头骨上。二是基因的流动也有可能是多方向的，那么欧洲、非洲显现的一些特征，也有可能来自亚洲，即非洲智人的某些遗传特征，或许来源于东亚直立人，后来被带入非洲。换句话说，这不再是晚近非洲起源说了，反而是智人"出自亚洲说"——在东亚演化出来的智人特征，也有可能传入非洲，影响到非洲智人的演化。此文发表在老牌的《美国体质人类学》杂志上，这显示，只要证据充分，多地区演化说也可以

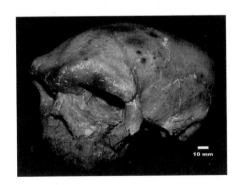

图 7.8 大荔人头骨（吴新智 / 中国科学院）

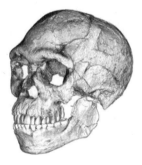

图 7.9 重塑的摩洛哥智人头骨（Philipp Gunz/CC 2.0）

获得欧美主流期刊的认同。[117]

再举一个例子：2007 年，在广西崇左智人洞，发现两个
臼齿和一个下颌骨前段（见图 7.10）。2010 年，其研究报告
在《美国国家科学院院刊》上发表，由中国科学院刘武的研
究团队和美国圣路易斯华盛顿大学古人类学家特林浩斯（Erik
Trinkaus）及其他合作者完成。化石测年约为 11 万年前。崇
左人属于正在形成中的智人，处于古老型智人与现代人演化的
过渡阶段，可能是东亚最早的智人之一，比之前已知生活在东
亚的最早智人（距今大约 4 万年，2002 年发现于周口店的田

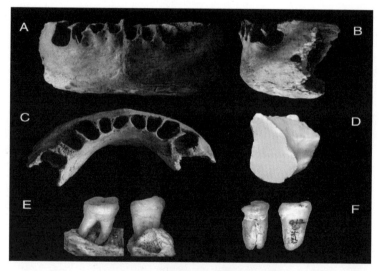

7.10 崇左人的化石（刘武 / 金昌柱 / 中国科学院）
在广西崇左木榄山智人洞发现的 10 万年前的人类化石（A 下颌骨前面；B 下颌骨左侧面；C 下颌骨上面；D 下
颌联合中部激光扫描断面；E、F 两枚牙齿的颊侧面和近中面）

园洞人），提前了约 6 万年。

这篇英文论文提到，中国出现这么早的智人化石，显示它亦有可能是本土"独立起源"（independent emergence）的结果。[118] 论文的中文版进一步说："此人类化石具有的古老和现代特征并存的镶嵌混合特点，提示东亚地区早期现代人形成过程中存在一定程度的演化连续性。此外，早期现代人很可能与古老型智人在亚欧大陆地区并存了数万年。"[119]

然而，英国的邓尼尔在《自然》杂志评论这篇论文的英文版时，一开始就假定（没有提出证据）：崇左人是出自非洲的智人。所以，他最关心的问题是：出自非洲的崇左智人，怎么会这么早抵达华南？他完全没有考虑到这可能是在中国本土演化的物种，也没有去探讨这种可能性，就先假定崇左人来自非洲。[120]

四、基因、化石和石器证据

既然智人可以在非洲从直立人（或直立人的后代海德堡人）演化而来，那么直立人在 170 万年前来到亚欧大陆后，为什么就不能演化为智人呢？除了极少数例外，欧美学者几乎"习惯性"地把中国出土的所有智人化石都说成是"非洲移民"，从不考虑他们是否可能是在中国本土演化的原住民。

欧美学者之所以如此有信心，主要是因为基因证据，也就是 1987 年三位美国遗传学家所提出的"夏娃说"——目前世界上所有活人的母系线粒体基因（mtDNA），都可追溯到 20万年前住在非洲的一位女性。[121] 夏娃说问世超过了 30 年，近年的基因组研究突飞猛进，但夏娃说没有新的研究突破，没有再提出新的证据，且受到不少质疑，特别是受到美国圣路易斯华盛顿大学遗传学家坦普莱顿的挑战，更有看头。他认为人类一次又一次走出非洲，并非"取代"非洲以外的人，而是"杂交"。[122]

　　以往所说的"基因证据"，只是从现代活人身上取得线粒体 mtDNA 和 Y 染色体来研究，包括复旦大学金力团队所做的一系列 Y 染色体研究。然而，从 2010 年起，德国马普演化人类学研究所帕玻团队所发表的一系列研究显示，我们不但可以从活人身上取得基因组证据（范围比 mtDNA 和 Y 染色体更全面），而且能从数万年前死人的化石中采集到古 DNA 基因组样本，可以为死去的尼安德特人做完整的基因组测序，从而可以证明，智人曾经和尼人交配过，且遗传到尼人的少量基因。[123]这样得到的古人基因组证据，可以拿来跟现代活人的基因组做比对，从而更精确地掌握他们的遗传关系。这要比以往单单从活人那里取得基因变异等少数几个数据，来追踪智人在过去数万年的迁移历史和祖先历史更全面，更能解决智人的起源和遗传关系等问题。

例如，2017 年 10 月，中国科学院古脊椎动物与古人类研究所研究员付巧妹和德国帕玻实验室组成的一个中德联合科研团队，在美国《当代生物学》（*Current Biology*）期刊上发表论文，[124] 称他们从北京房山区田园洞出土的距今约 4 万年前的一名男性遗骸化石中（见图 7.11 和图 7.12），成功提取了全基因组。这不仅是中国第一个古人的基因组数据，而且是整个东亚目前最古老的人类基因组数据。

经过基因组比对，论文证实田园洞人属于古东亚人，但他并非现代东亚人的直接祖先，而是现今东亚人和某些南美洲人的远亲。团队同时发现，田园洞人跟比利时果越洞穴（Goyet Caves）出土的一个 3.5 万年前欧洲人的化石有遗传关系。不过，田园洞人已和欧洲人分离。在基因上，他比较

图 7.11 北京房山区田园洞（同号文 / 中国科学院）

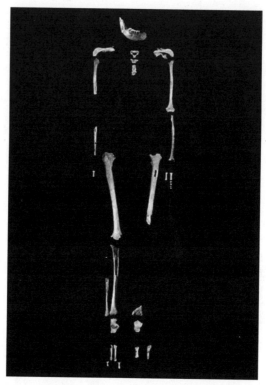

图 7.12　田园洞人骨架（高星 / 中国科学院）

接近今天或过去的东亚人，多过于今天或过去的欧洲人。令人意外的是，田园洞人跟南美洲的亚马孙人也有遗传关系，有基因上的类似。这揭示了东亚早期人群组成十分复杂。

　　付巧妹团队的这项研究显示，把古人类化石中的基因组拿来和现代活人的基因组做比对，可以得知两者之间更精确的遗传关系，好比做亲子鉴定那样。这要比从前单单用活人的

mtDNA 和 Y 染色体来追踪其祖先历史更可靠，用途更广。未来探讨智人的起源时，古今基因组的比对，无疑是一大新的研究利器。

1987 年的夏娃说没有发现智人曾经和尼安德特人有过基因交流，显示当时单单使用活人 mtDNA 和 Y 染色体的研究方法太过简单，存在局限。然而，2010 年帕玻等团队所用的古基因组方法，却能证实智人和尼人曾经交配过，并且还揭示了古老型人类之间的基因交流，如何影响当今的现代人，显示古基因组的研究方法更全面，大放异彩，抢尽风头，成为未来研究人类演化和各物种遗传关系的一大有力工具。[125]

付巧妹曾经在帕玻实验室学习，并取得博士学位，也参与尼安德特人基因组的研究。2016 年，她回到中国后，在中国科学院古脊椎动物与古人类研究所设立了一个古 DNA 实验室，和帕玻实验室密切合作，运用最新技术，从数万年前的化石中提取古人类基因组。2017 年 4 月，河南灵井许昌人的研究报告发表在美国的《科学》期刊上时，付巧妹向该期刊的记者吉本斯透露，她曾尝试从三件许昌人化石中采集古 DNA，但没有成功，[126] 仍在努力中。她的团队也尝试从河北许家窑人类牙齿化石（12.5 万到 10 万年前）中提取古基因组，看看它是否带有丹尼索瓦人的基因。

另一方面，多地区演化说靠的主要是一系列丰富的化石证据，如许昌人、大荔人、崇左人、道县人等。近年来，中国出土的人类化石越来越多，其研究报告也多能在西方顶尖期刊，如《科学》和《自然》上发表，例如 2017 年河南的许昌人研究。[127] 这篇报告认为，许昌人的头骨（见图 7.13）具有中国境内古老型人类、尼安德特人和早期智人的混合特征，可能是中国古老型人类与尼安德特人基因交流的结果。近年来新出土的化石也显示，智人的起源是个非常难解的问题，要比过去所认知的更复杂，恐怕不是单纯的晚近非洲起源说或多地区演化说所能解释的。我们需要更多的化石和古基因组证据才行。

中国近年出土化石的测年也做得比从前更精细，引起欧美学界更多的关注，也为多地区演化说带来较多的认同。有学者认为，中国新的化石证据正在改写人类演化的历史，特别是东

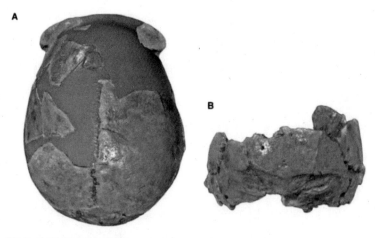

图 7.13　许昌人的头骨化石（吴秀杰 / 中国科学院）

亚地区的演化史。[128] 欧美学者以往一向偏重非洲和欧洲出土的化石，不熟悉中国的化石，难免多从西方观点来看人类的演化。现在，情况慢慢有了改变。例如，帕玻对《当代生物学》的一个特约采访作者说："如果我们要探讨古代人口和化石之间的遗传关系，我绝对相信，中国是个最有趣的地区之一。幸运的是，中国科学院古脊椎动物与古人类研究所已成立一个最先进的古 DNA 实验室。我们有幸可以跟他们在这方面合作。"[129]

多地区演化说另一项有力的证据，来自考古发现的石器。在非洲和欧洲，石器的模式有一个演进的历程。250 万年前，非洲人族成员使用的是最简单的奥杜威第一模式石器，但到了约 10 万年前，非洲智人所使用的石器已演进到第三模式石器，也就是比较精美的莫斯特（Mousterian）型。如果非洲智人曾经移居中国，他们应当也会把这种第三模式石器带到中国。然而，奇怪的是，在中国出土的绝大部分石器，都属于最原始的第一模式石器（见图 7.14），显示在中国，从直立人到智人，从 170 万年前起，一直到 1 万年前，都在使用这种简单又好用的石器。中国科学院古脊椎动物与古人类研究所的高星曾经专门研究过这一课题。他说："来自西方的文化因素在不同时段、不同地区间或出现过，但从来没有成为文化的主流，更没有发生对原住民文化的置换，表明这一地区没有发生过大规模移民和人群替代事件。"这也表明，中国的直立人

图 7.14　河北泥河湾出土的一些石器，属于最原始的奥杜威第一模式（河北省文物研究所）

到智人，其演化是有连续性的，很少受到外来的影响。[130]

五、修正假说和两派的和解

就中国的特殊情况，吴新智又对多地区演化说略有修正，称之为"连续进化（演化）附带杂交"。意思是，非洲直立人在 100 多万年前来到中国后，就在中国本土繁衍，连续演化，未曾离开或灭绝，最后演化为智人和今天的中国人。在过去数十万年的连续演化期间，他们曾经和其他地区演化的智人有过交配，"比如说跟欧洲、东南亚的还有混杂、杂交，就是基因的交流"。这种基因交流，导致中国出土的某些化石也具有欧洲人的一些特征。不过，吴新智认为，这种基因交流是"附带"的、"次要"的、少量的。中国人主要还是在本土连续演化中形成的。

　　吴新智举了一个"形态上的证据"："比如说眼眶，中国大部分人类化石的眼眶都是长方形的，而这个［用手指着（广东韶关）马坝人头骨的眼眶］明显是圆形的（见图 7.15 和图 7.16），这是广东地区的，中国化石除了这一个圆形眼眶以外再没有别的头骨是这样的了。他这个眼眶是圆形的，肯定是基

图 7.15　马坝人头骨的圆形眼眶（吴新智）

因决定的，他这个基因是从哪里来的？在中国找不到根源。而在欧洲，这个圆形眼眶就比较多了，当然也不全是。如果我们推想这个圆形眼眶基因是从欧洲过来的，可能就是比较合理的。"[131]

由此看来，我们可以推想这样的局面：100多万年前，直立人来到中国以后，衍生出后来的郧县人、周口店直立人、大荔人等，又在大约10万年前，形成智人和现代的中国人。然而，非洲起源的智人离开非洲，向全世界扩散时，他们的后代应当也曾经分批来到中国，然后他们就跟原先在中国本土演化而成的中国起源智人比邻生活，并且曾经有过基因交流，以至于今天的中国人——他们的智人远祖，有可能是纯中国起源的土生种、外来的纯非洲起源种，也有可能是中非杂交种，或吴新智"附带杂交"说中所列举的"中欧杂交"种。前面提到付巧妹团队所研究的田园洞人跟欧洲人有遗传关系，亦有可能是

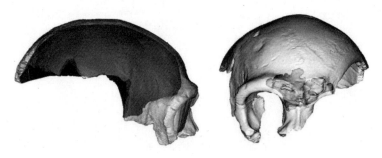

图7.16　马坝人头骨的侧面（左）和正面（右）绘图，显示其圆形眼眶及其他特征（吴新智）

这种"中欧杂交"种。

2010 年，德国马普演化人类学研究所帕玻的研究团队，成功为尼安德特人的古基因组完成测序后，证明智人曾经和尼人交配过，以至于现代人的基因都带有 1%~3% 的尼人基因。这项发现改写了智人的演化史，也导致非洲起源说的全面取代论不得不被改写，成了帕玻所说的"有遗漏的取代"（leaky replacement）。[132]

沃尔波夫的学生史密斯（Fred H. Smith）曾经提出一种同化说（Assimilation model）：智人大部分出自非洲，但他们在走出非洲时，曾经跟沿途所经之处的当地人交配，以至于现代活人的基因组里，有大约 10% 来自这些古老型人类。[133] 同化说从前一向被忽略，但自从 2010 年帕玻的研究证实智人跟尼人有过基因交流后，它又开始受到重视。

有关智人起源问题的争论，从 20 世纪 80 年代中期开始，至今已超过 30 年。未来最有希望的解决之道，要看科研人员是否可以从世界各地出土的化石中提取更多的古人类基因组，来做深入的比对研究，以探讨各化石之间的基因遗传关系，避免化石形态学上的争论。

2018 年 4 月，哈佛大学医学院遗传学系教授赖克（David Reich）出版了一本令人耳目一新的著作《我们是谁，从哪里走到这里——古基因和研究人类历史的新科学》。[134] 目前的科研人员几乎不写书了，只写单篇论文，只有文史学界的学者还偶尔需要写书。赖克教授之所以写这本书，是因为要介绍古基因学界最近几年来的最新研究成果（许多是他自己实验室的成果），主要涉及尼安德特人、丹尼索瓦人和智人的基因交流和影响（本书第二章略有引介），做一个综合评述。他在书中称这些成果为"古基因革命"（ancient DNA revolution）。这场革命让我们见识到，各个人类物种之间的遗传和演化关系是错综复杂的，远比化石形态学研究所揭示的复杂得多。

然而，到了 2010 年，有关智人起源的争论，似乎又有了消解的迹象。这一年，两派的代表人物——英国的斯特林格和美国的沃尔波夫，终于可以在一个有关尼安德特人的会议上，一起喝啤酒、聊天。两人当时已 60 多岁，他们之间的争战也沉淀了。据《科学》期刊记者吉本斯报道，两人的论点虽然仍泾渭分明，但也有些趋合了。斯特林格说："我们现在可以相处得来，是因为我们两人都觉得，我们都被证明是对的。"[135]

有趣的是，在中国，这两派的争论也有了和解的征兆。2013 年 11 月，在复旦大学举行的上海人类学学会成立三十周年国际学术研讨会上，时任复旦大学副校长、上海人类学学会会长、遗传学家金力教授，为自己的"学术对手"吴新智颁发年度人类学终身成就奖金琮奖，以表彰他在中国乃至世界古人类学研究领域做出的杰出贡献。[136] 金力和他的研究团队曾经发表多篇论文，主张"Y 染色体遗传学证据，支持现代中国人起源于非洲"（见上文），跟吴新智的多地区演化说对立。但金力在给吴新智颁奖时说："所有的科学研究都是在争论中推进的，不同观点者相互支持、相互促进，恰好有利于探索科学奥秘和真相。"

韩裔美国籍古人类学家李相僖在她的科普书《想太多的人类学家》（*Close Encounters with the Humankind*）[137] 中，透露了一个鲜为人知的学界内部"私语"：现代人起源的两种假说，其实还被"政治化"，牵涉种族和殖民主义等问题。比如，有些学者会认为，那些主张晚近非洲起源说的欧美学者，恐怕有一种不知觉的种族主义倾向，因为晚近非洲起源说隐含着一种"血洗全球"（worldwide bloodbath）的意味——非洲起源的智人走出非洲后，便把世界上其他地区比较"低劣"物种的人类"完全灭绝"，完全取代，没有杂交。这样的论点不免带点种族主义的色彩，以及殖民主义的自大。相比之下，多地区演化说没有这样的殖民主义色彩，看起来比较顺其自然，实际上也可能比较符合人类演化的历史事实。李相僖在密歇根大学人类学系取得博士学位，现任教于美国加州大学河滨分校人类学系。她的博士论文指导教授，就是多地区演化说的创始者之一沃尔波夫。据她说，这种学界内部的"私语"，是无法在正式发表的论文中见到的，只有在研讨会和私人谈话场合才能听到。

六、终究有非洲根源

如果你相信晚近非洲起源说，则中国人的祖先是大约 6 万年前从非洲走出来的那批非洲起源智人移民的后代。如果你相信多地区演化说，则中国人的祖先是大约 200 万年前从非洲走出来的那些非洲直立人，在中国继续演化成郧县人、周口店直立人、大荔人、崇左人和道县人的后代。

这样看来，其实不管是晚近非洲起源说还是多地区演化说，中国人的祖先，若追溯到最早的源头，恐怕都要跟非洲有某种血缘上的关系。这点并不奇怪，因为人类这个物种、人类最早的祖先，如杜迈和千禧人，本来就是在非洲诞生的。作为人类这种生物，中国人和欧洲人等全世界的人们，其最终最早的祖先，当然都要追溯到非洲。但今天中国境内的智人，却可能不是在非洲演化出来的，而是在中国本土，从非洲直立人迁移而来之后的连续演化中形成的。

2016 年 7 月，《自然》杂志有一篇特稿《被遗忘的大陆》，探讨中国近年来出土的一系列人类化石，如何正在改写人类演化史。[138] 文中提到，西方有科研人员认为，中国古人类学家的多地区演化说，"带点民族主义的色彩"。

吴新智对此反驳说："这不关民族主义。"他说，一切要靠证据——看看那些过渡类型人类物种和考古出土石器。"所有证据表明，中国从直立人到智人，曾经有过连续演化。"

的确有不少国人表示，难以接受现代中国人是非洲智人移民的后代。或许是受教科书的影响，大部分国人都认为，现代中国人是云南元谋人、北京人和大荔人的后裔，力图摆脱中国人出自非洲的说法。然而，平心而论，中国人的智人祖先，即使像多地区演化说所说，是在中国本土演化的"原住民"，但中国人的直立人祖先，如元谋人和蓝田人，终究还是有非洲根源，因为他们来自非洲（见第六章）。直立人的起源地只有一个——只在非洲，不在中国。关于这点，学界并无异议。

因此，我们应当用心想想，所谓"中国人的祖先"，到底是什么意思？学界目前的讨论似乎都假设，中国人的祖先只有一个，就是大约10万年前智人阶段的祖先，而不理其他。其实，人的祖先不应当只有一个。祖先有近世的，也有远古的。比如，我们每个人都有祖父、曾祖父，当然也有第16代祖、第58代祖等，甚至有300万年前的祖先。他们的起源地（诞生地）和生活的地点，很可能都不一样，这并不出奇。我们要分辨清楚，要有时间概念才行，才能把"祖先问题"厘清。

七、重构两种场景

按照智人起源的两种不同学说，我们可以描绘在中国土地上曾经可能出现过的两种不同场景。

从多地区演化说的观点看，特别是从吴新智"连续进化附带杂交"的视角看，非洲起源的直立人，在大约 170 万年前来到云南的元谋，甚至到过北纬 40 度以北寒冷的河北泥河湾等地。然后，他们就在中国的土地上繁衍生息，从未灭绝，以至于他们在大约 100 万到 10 万年前，衍生出各种古老型人类或"过渡类型"人类，如郧县人（90 万年前）、周口店直立人（约 78 万年前）、大荔人（约 25 万年前），然后又在大约 10 万年前，演化出现代的智人，如广西崇左人（11 万年前）、湖南道县人（12 万到 8 万年前）。到 6 万年前左右，这些在中国连续演化而成的智人，已经长得跟现代中国人没有什么差别了。6 万年前，非洲起源或欧洲起源的智人也开始抵达中国，其中有一部分可能跟中国本土起源的原住民有过基因交流。这三者（原住民、非洲或欧洲起源的智人，以及三者杂交）的后代，就是今天的中国人。

此派的学者根据晚近非洲起源说推测，170 万年前抵达中国的非洲直立人及其后代，在第四纪冰期的 10 万到 5 万年前这一时期"难以存活"，甚至有了"断层"。也就是说，这些直立人灭绝了，中国当时没有人类居住。金力研究团队在 2000 年那篇论文的结尾这样说："我们认为随着冰期逐渐消亡，非洲起源的现代人约在 6 万年前从南方进入东亚，在以后的数万年中逐渐向北迁移，遍及中国大陆，北及西伯利亚。大约在 8 500 年前，经历了漫长的蒙昧时期后，以仰韶文化为代表的最早的中华文明开始在黄河中上游地区萌芽。"

仰韶文化的创造者，如果不是这些在 6 万年前来自非洲的智人移民，那么就是在中国本土演化的智人。当年我上大学时初读《中国文明史》，如果知道这些中国文明最早创造者的身份原来就是人类演化史上的智人，我想我就不会那么迷惑了。中国文明史原来不是"突然"在黄河流域"冒"出来的，而是前面有一大段被忽略的人类演化史。如果能够交代前面这段历史，把中国人的演化史和文明史衔接起来，那么我们就更能了解，中国人是怎样从周口店直立人、广西崇左等智人的阶段，逐步进入文明史的领域的。最早期的仰韶文化创造者，也不再是血肉模糊的、"没有脸的人"，而是在解剖学上，在身体结构上，长得跟我们今人一模一样的人。至于他们怎样在黄河流域发展出最早的农业和生活聚落，那就是中国文明史、史前史和考古学的研究课题了。

第八章

———

人类肤色的演化

——从黑到白

1981 年秋天，我第一次飞抵纽约肯尼迪机场，准备转往新泽西州的普林斯顿大学东亚研究系读博士。一走出机场，我就感受到第一个震撼——为什么这里有这么多皮肤黑黑的黑人，又有那么多皮肤白白的白人，在街上走来走去？一时之间，仿佛自己闯进了另一个世界，一个不属于我的世界。在此之前，我在台北上大学，生活了好几年，平日所见都是跟我一样的黄皮肤的人，早已习以为常，难得在街上见到一两个白人和黑人。但到了纽约，黄皮肤突然完全消失，触目所及尽是白人和黑人，真有一种如梦似幻的感觉。今天的东亚人，包括中国人、日本人、韩国人等，第一次出国飞到纽约，看到那么多黑人和白人走在街上，想必也会有这种梦一样的感觉吧。这点是旅游书中从未提起的，恐怕也是第一次出国到欧美国家旅行的东亚黄种人需要有的心理准备。

我们平时在电视、电影和书上，应当见过不同肤色的人，知道世界上不同地区的人会有不同的肤色。比如，撒哈拉大沙漠以南的非洲人，肤色一般为黑色。欧洲人一般是白色（实际上更接近粉红色）。印度赤道地区以南的人，一般也是黑色。东亚人一般为所谓的"黄皮肤"。人类是唯一具有不同肤色的灵长类动物。为什么？

一、演化的力量——亮丽的非洲黑

我们在前面几章见过，人类这种生物，最早是在非洲演化成功的。从生物学的观点来说，人类的"原生种"是在非洲诞生的。一旦原生种的人类离开非洲，扩散到其他地区，就会因为气候和生态环境的不同，慢慢形成不同的特征，比如不同的肤色、不同的体形等。这样经过数十万（甚至数百万）年的演化，那些离开非洲的原生种，便会在世界其他地区演化成不同的物种，成为异地物种，跟原生种有了差别。

这跟原生种的动植物一旦离开原生地，扩散到其他地方以后，必定也会在异地慢慢演化出新物种一样。从物种形成的观点看，这便是一种"异域物种形成"（allopatric speciation）的现象（见第一章）。不过，目前各大洲不同肤色的人类还在演化当中，没有演化到不同物种的地步，只能说有了"人类差异"（human variation），如肤色不同，体形略有不同（欧洲人粗壮高大，东亚人柔雅纤细），但差异范围还小，还没有形成迈尔所说的"生殖隔离"（见第一章），大家还属于同一个物种（智人），可以互相交配，进行基因交流，孕育出有繁衍能力的下一代。各地区不同肤色的人类，还需要再演化数十万到数百万年，差异越来越大，才有可能形成不同的物种。

今天世界各地人类的肤色各有不同，正是伟大的演化力量造成的，因为在不同地区，阳光中的紫外线强弱不一样。人类的肤色会随着紫外线的强弱而演化出不同的深浅色，以合成维生素 D 和保护人体的叶酸，达到最能适应当地生态的最佳生理状态。[139]

我们首先要问：原生种人类的皮肤，是什么颜色？答案：最初是粉红色，后来演化为黑色，也就是今天非洲撒哈拉大沙漠以南非洲人的那种黑色。他们正是原生种人类的后代，因为不曾离开非洲，所以肤色至今没有遭受到演化的压力，不曾改变，也不需要改变。

这种亮丽的"非洲黑"，大约在 200 万年前的直立人时代就已形成。在直立人之前，人类的皮肤是由一层厚厚的毛发所覆盖的，就像今天的黑猩猩一样。至于当时人类（南猿）毛发下的皮肤是什么颜色的，我们不得而知，因为出土化石无法保存肤色的证据。但科研人员推测，它应当是粉红色的，就像今天的黑猩猩，拨开它的黑色毛发，你会发现它的皮肤是粉红色的。

当人类从南猿演化到直立人时，因为生存环境的改变，从疏林转移到热带稀树草原，为了奔跑追杀猎物，也为了更有效地散热，人类的毛发开始慢慢脱尽，演化出直立人和后来智人那种全身几乎无毛发的身躯，也就是柏拉图所说的"无毛的双足行走者"（见第五章）。这时，人类的皮肤才完全暴露出来，他们最初的肤色应当是粉红色的。

但人类失去毛发的保护后，非洲赤道地区强烈阳光中的紫外线会穿透这种粉红色的浅肤色，破坏人体所需要的叶酸，并造成皮肤癌。叶酸流失的后果很严重，比如说，会造成人类细胞无法正常分裂，会造成胎儿骨骼畸形（所以现在的孕妇在怀孕初期都要特别补充叶酸），会造成男性精子不足，等等，威胁到一个族群的生存。叶酸有"生物黄金"的美称。于是，直立人开始演化出越来越黑的肤色，以阻挡强烈紫外线破坏人体的叶酸。

热带地区的充足日照还有一个重要功能，那就是强烈阳光中的紫外线可以穿透黑皮肤，让人体合成维生素 D。这是一种重要的维生素，跟其他维生素不同，它可以由人体依靠阳光来合成，所以也被昵称为"阳光维生素"（sunshine vitamin）。它可以帮助人体摄取食物中的钙，有强化骨骼的功能。如果维生素 D 不足，骨骼不能好好发育，会造成严重疾病，比如佝偻病（手脚关节肿胀变形、腿呈弓形或膝内翻等）。维生素 D 不足，也可能引发某些致命癌症、心血管疾病、多发性硬化症、类风湿关节炎以及 1 型糖尿病。[140]

至于今天欧洲人的粉白色和东亚人的浅棕色皮肤，反而是从这种最原始的、原生种的非洲黑，进一步演化而成的。那是直立人在 200 万年前走出非洲以后的事。然而，直立人扩散到亚欧大陆和东南亚时（见第六章），他们原本的黑皮肤究竟经历过怎样的演化，目前还无法得知，除非有一天，我们能够从（比如说）一两百万年前左右的直立人化石中，抽取古 DNA 去做全基因组测序，才能得知他们的肤色。但从智人离开非洲后的肤色演化来看（见下文），我们可以推想，直立人走出非洲以后的肤色演化，应当和智人相同，也就是从非洲黑慢慢演化为亚欧大陆的浅白色系。由于目前只能推想，无法讨论，下面我们单从智人说起。

二、肤色演化的机制

大约 6 万年前，智人继直立人之后，也离开热带非洲，来到纬度比较高或紫外线比较弱的亚欧大陆温带地区。他们原本的黑色皮肤不利于健康和生存，因为温带地区的阳光比较弱，紫外线没有热带非洲那么强，一个人的肤色如果太黑，会阻挡微弱紫外线的穿透，使人体无法吸收足够的阳光来合成维生素 D，造成维生素 D 不足，产生一系列疾病。于是，温带地区的人们慢慢演化出比较浅色的皮肤，好让紫外线可以穿透皮肤。

全世界可以分成三大维生素 D 地区：（一）热带；（二）亚热带和温带；（三）纬度 45 度以上的南北极圈地区。在热带，紫外线一年到头都很强，人们全年都可以合成维生素 D。在亚热带和温带，全年有至少一个月的时间，紫外线会不足。比如，美国波士顿地区位于北纬 42 度左右，冬天日照不足，人体皮肤要在每年三月中旬以后，才开始合成维生素 D。至于南北极圈，在全年 12 个月的绝大部分时间里，紫外线一般都不足以让人体合成维生素 D。

这可以说明，为什么热带地区的人们肤色一般为黑色。热带地区的日照充足，人没有维生素 D 不足的问题。他们之所以演化出黑皮肤，不是为了合成维生素 D，而是为了阻挡强烈的紫外线破坏人体的叶酸。

在亚热带和温带地区，紫外线有季节性不足，特别是在秋冬两季，不利于人体合成足够的维生素 D，于是原生种人类的黑皮肤慢慢演化成比较浅的颜色，好让更多的紫外线穿透。由于亚热带和温带地区的日照没有热带的那么强烈，因此这些地区的人们不需要热带的黑皮肤来保护人体的叶酸。浅肤色刚好既可以合成更多维生素 D，又不至于让叶酸遭到破坏。

同理，生活在南北极圈的人们，日照更少，人体的叶酸没有被紫外线破坏的危险。他们的问题是，如果肤色还是像原生种非洲人类那样的黑色，那么这种非洲黑反而会阻挡微弱的紫外线穿透，人体无法合成足够的维生素 D，于是他们需要演化出比较白的肤色。

黑皮肤中的黑色素仿佛是天然的防晒霜，可以保护热带地区的人们的叶酸，也可以保护他们的皮肤，使其免受日照产生的皮肤癌困扰。相反，在温带和靠近南北极圈的地区，日照比热带少，人们不需要这种黑色素防晒霜。如果他们的黑色素太多，反而不利于在日照弱的地区合成维生素 D，于是他们就演化出越来越白的肤色。

三、肤色演化和移民

这个肤色演化的模式，是否放之四海而皆准？一般而言，准。但有几种情况，看起来好像"不准"，其实值得深一层讨论。

例如，美国阿拉斯加和加拿大北部邻近北极圈，紫外线微弱，居住在那里的因纽特人（见图 8.1），其肤色原本应当很白才对，但因纽特人真正的肤色却有点偏黑。为什么？原因可能有三个。第一，他们其实是外来移民，迁移到北美洲只有大约 5 000 年，还没有足够长的时间让他们演化出比较白的皮肤。第二，因纽特人的传统食物，尤其是鱼和海洋哺乳动物，含有丰富的维生素 D。这抵消了他们因日照不足而产生的维生素 D 缺失，也让他们可以保留比较深的肤色。第三，因纽特人生活的地区虽然纬度高，但那里终年积雪，反射的紫外线强烈，他们需要比较深的肤色保护。

纬度高，日照和紫外线一般比较弱，比如北欧的瑞典，但也有例外，比如因纽特人的雪地。再比如，青藏高原和南美洲的安第斯山脉属于温带，照理说人们的肤色应当比较白，但这两地海拔高，紫外线特别强，人们的皮肤也就比较深。

在非洲南部，南纬 20 度到 30 度的地区，居住着两大民

图 8.1　因纽特妇女的肤色和她们的传统服饰——海豹皮衣（左）和驯鹿皮衣（右）（Ansgar Walk/ 创用 CC）

族：科伊桑人（见图 8.2）和祖鲁人（见图 8.3），两者的肤色大不相同。科伊桑人的皮肤呈浅棕色，祖鲁人则为深黑色。地处同一个日照区，为什么肤色会不相同？原来，两者都是外来移民，源自非洲赤道热带地区，但科伊桑人早在 15 万年前就迁移到了非洲南部。他们的肤色原本应当是热带的深黑色，但经过 15 万年的演化，如今慢慢变为浅棕色了。然而，祖鲁人迁移到非洲南部，只不过是过去大约 2 000 年的事，演化时间太短，肤色还没有什么改变，仍然是深黑色。

同理，如今在美国和欧洲许多国家，有许多非洲裔人，其肤色仍然是黑色，跟当地比较弱的紫外线并不相符，因为他们都是移民，源自 17 世纪以来美国和欧洲白人从非洲输入的大量黑奴，顶多有数百年的历史。如果假以时日（比如数万年后）以及适当的生态改变，这些温带地区黑人的肤色有可能会变白。

2009 年，美国黑人总统奥巴马刚上台不久，专门研究人类肤色的美国古人类学家尼娜·雅布隆斯基（Nina Jablonski，见图 8.4）在一次演讲中，笑着说奥巴马总统"皮肤略为深褐"，"让我们祝愿他健康，愿他意识到他自己的肤色"。看来，奥巴马应当多多服用维生素 D 补充剂，因为他的黑肤色可能无法让北美微弱的阳光穿透他的皮肤去合成足够的维生素 D，何况他又长时间在室内工作，少有机会接触到阳光。

我们不知道奥巴马是否缺乏维生素 D，是否有额外补充。

图 8.2　非洲科伊桑人的浅棕色皮肤（Ian Beatty/ 创用 CC）

图 8.3　非洲祖鲁族战士，皮肤呈深黑色（Emmuhl/ 创用 CC）

图 8.4　美国古人类学家雅布隆斯基，专门研究人类肤色的演化（美国宾夕法尼亚州立大学网站）

不过，据 2006 年美国农业部设在波士顿塔夫茨大学的人类老化营养研究中心的一项研究，[141] 美国黑人的确比其他美国人普遍缺乏维生素 D。大部分年轻、健康的黑人，在一年的任何时候，都达不到最佳的 25(OH)D 含量。25(OH)D 是体内维生素 D 的主要储存形式。侦测 25(OH)D 可得知体内维生素 D 是否足够。研究员哈里斯（Susan Harris）指出，这主要是因为黑人皮肤的黑色素阻挡了阳光，减少了维生素 D 的合成。

　　但黑人的骨折率比其他美国人低。这可能是他们体内有其他保护骨骼的适应机制，不需要太多的维生素 D。然而，维生素 D 不仅保护骨骼，而且可以防止心血管疾病、糖尿病和某些癌症，而黑人患上这些疾病的概率和白人一样，或更大。最后，这项研究鼓励黑人提高维生素 D 摄入量，或服用维生素 D 补充剂，因为这样做的成本低、风险低，但保健效益很高。

人类肤色还有一个常见的特色——在世界各地的人当中，女性的肤色一般比男性的浅，浅 3%~4%。科学家常在推论其原因，但大部分人认为，这个现象源自达尔文所说的"性选择"，也就是男性都比较喜欢选择肤色比较白的女性来做性伴侣，以至于比较白的女性比较容易找到配偶，可以孕育出更多的后代，占有更佳的生存优势，最后把那些肤色比较深的女性淘汰。

但雅布隆斯基认为，性选择可能只是部分原因。真正的原因是，女性在整个孕期和哺乳期需要更多的维生素 D，以摄取食物中的钙。所以女性演化出比男性更浅的肤色，好让她们可以从阳光中吸收更多的紫外线，以合成维生素 D。这在热带地区是个挑战，因为在日照多的地方，肤色不能太浅——如果太浅，阳光会破坏人体的叶酸，但肤色太深，阳光的穿透力不足，维生素 D 的产量又可能不足以应付孕期和哺乳期的需求。女性的肤色，比男性更需要经常保持一种微妙的平衡。

人类的不同肤色具有很重要的生物学上的功能，并非为了"美观"或其他"肤浅"的原因而有所不同。皮肤看起来结构简单，但它是人类最大的一个器官——人全身的皮肤重达 4 千克。肤色攸关人类最基本的健康和生存。人在紫外线强弱不同的地区，需要演化出深浅不同的肤色来合成维生素 D，并保护人体内的叶酸，否则健康状况欠佳。人的肤色会随着不同地区的紫外线强弱而改变，也显示人类是一种具有高度适应和演化能力的物种，从而可以存活在世界上几乎每一种生态环境中。

四、肤色和基因

人类的不同肤色，可以从演化的角度去观察，从合成维生素 D 和保护叶酸的两大功能去解释。那么，从基因的层面看，人的不同肤色，又是由什么基因控制的？

2005 年，美国宾夕法尼亚州立大学医学院癌症基因研究中心一个由华裔遗传学家郑琦（Keith Cheng）领导的研究团队，在《科学》期刊上发表一篇论文，[142] 第一次揭开了人类肤色的基因之谜，找到了欧洲白人肤色之所以会白的其中一个基因——SLC24A5。

郑琦的研究团队原本并非研究肤色的基因，而是要研究癌症的基因，不料却有了意外的发现。他们以常见的实验工具斑马鱼来做实验。正常的斑马鱼身上有一条条黑色斑纹。他们发现这种鱼有一个变种，其中有一个基因 SLC24A5 发生了变异，无法合成黑色素，以至于鱼身上的黑色斑纹变成了金色条纹，昵称为"黄金"（见图 8.5）。后来，团队在人、鸡、狗和牛等生物身上也找到了这个基因，证明它是控制黑色素产生的一个基因。一旦科学家把正常的 SLC24A5 基因注入变种的黄金色斑马鱼，它就又能恢复黑条纹了。

科研人员推论，当原生种的智人离开热带非洲，来到欧洲时，其中有一些人带有这种 SLC24A5 的基因变异，肤色天生就比较白。在日照普遍不足的欧洲，这些人反而具有演化生存上的优势，可以成功孕育更多后代，因为他们可以合成足够的维生素 D，比较健康。没有这种基因的人及其后代，则健康状况不佳，存活率比较低，最后灭绝。有这种好基因的人，便可以把它遗传给他们的子子孙孙。几千年后，这种基因横扫欧洲。欧洲人普遍带有它——肤色也都变白了。

现代人（智人）在大约 6 万年前走出非洲，在大约 4.5 万

图 8.5 （上）正常的斑马鱼，条纹为黑色;（下）变异的斑马鱼，条纹为金色（Keith Cheng/ *Science*）

年前抵达欧洲。过去，学者一般假设，智人一抵达欧洲，肤色就变白了。但近年的基因研究显示，事情没有这么简单。欧洲人普遍拥有白肤色，可能是非常近代的事，大约在 8 000 年到 6 000 年前。而且，白皮肤在欧洲各地出现的时间也各不相同。[143]

例如，在 8 500 年前，西班牙、卢森堡和匈牙利的早期狩猎-采集者的肤色比较黑，因为他们没有 SLC24A5 以及另一相关的 SLC45A2 白肤色基因。然而，在更北方的欧洲，日照更少，在瑞典穆塔拉考古遗址出土的七具拥有 7 700 年历史的古尸，却带有 SLC24A5 和 SLC45A2 基因。他们甚至还带有第三个基因 HERC2/OCA2。有这个基因的人，会有蓝眼睛和金头发。[144] 由此看来，当欧洲北部的狩猎-采集者已拥有白皮肤和蓝眼睛时，欧洲中部和南部的人的肤色仍然比较深。

接着，近东地区的农耕者移居到了欧洲。他们拥有白肤色的两种基因，跟当地的狩猎-采集者交配后，便把他们的白肤色基因传给欧洲中部和南部的人。到了大约 6 000 年前，整个欧洲地区的人才普遍拥有白皮肤。

一提到英国人，大家一定会想到他们的皮肤白皙。但 2018 年 2 月，英国自然历史博物馆发表的一项研究报告[145] 却让人大跌眼镜。这项研究最引人注目的对象，是 1903 年在英国西南部出土的一具智人遗骸化石——著名的切达人（Cheddar Man，见图 8.6）。

科研人员从他头部遗骨中抽取出古 DNA，为他做了全基因组测序。他的基因显示，这位活在约 1 万年前的英国人，拥有深褐色皮肤、蓝眼睛和黑色鬈发（见图 8.7）。这是一种奇怪的组合，跟现今的英国人完全不同。这再次佐证，欧洲人的白皮肤，大约在 6 000 年前才普遍变白。这也显示人类的肤色演化经历了漫长的时间。若以智人在 4.5 万年前抵达欧洲算起，到 6 000 年前才普遍变白，那等于花了约 3.9 万年的时间。

但有另一个可能是，切达人和他的先祖在抵达欧洲数万年后，肤色仍然是深褐色，那表示他们的肤色其实并没有在演化，还不需要靠紫外线来合成维生素 D。英国自然历史博物馆

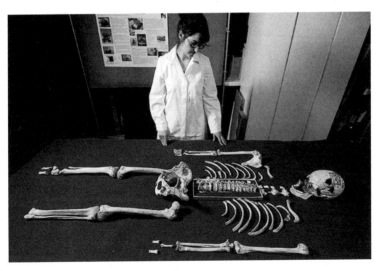

图 8.6 英国切达人的骨架（英国自然历史博物馆）

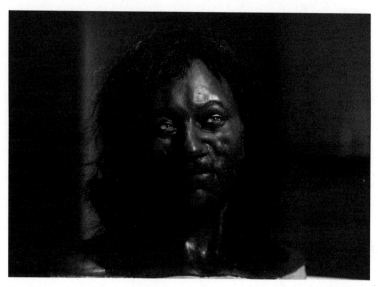

图 8.7　约 1 万年前的英国人，根据基因组重建的切达人塑像——深褐色皮肤、蓝眼睛和黑色鬈发（英国自然历史博物馆）

古人类学家斯特林格说，在这些欧洲早期的居民靠狩猎得来的肉食中，就含有丰富的维生素 D，不必靠阳光去合成，所以他们没有感受到演化的压力。一直到 6 000 年前，农业从近东传到欧洲，人们的主食从维生素 D 丰富的肉食改为维生素 D 贫乏的植物杂食类，才需要演化出白皮肤来吸收紫外线，以合成维生素 D。[146]农业传到欧洲的时间点，正好跟欧洲人的肤色普遍变白的 6 000 年前约略同时，这应当不是偶然的。

从切达人和欧洲人的这些案例可以知道，人类不但可以从阳光中，而且可以从肉食中摄取维生素 D。科学家估计，人体内的维生素 D 约 90% 靠阳光合成，只有约 10% 来自食物。如今，曾任美国总统的奥巴马和许多肤色深的非洲裔黑人、印度人和巴基斯坦人，移民到了日照不足的北美、北欧和英国等地。如果他们体内的维生素 D 不足，则需靠食物中的维生素 D 来补充，或服用维生素 D 补充剂。目前欧美许多国家的食物里面，比如面包和牛奶，都添加了维生素 D，这有助于解决问题。这是一种"文化演化"（cultural evolution），通过人类发明的文化和科技手段，帮助人们去适应新的生态环境，不必靠人体的"生物演化"（biological evolution）。

至于东亚人（中国人、日本人、韩国人、越南人）的皮肤，一般说是"黄皮肤"，其实属于一种浅色系，黑色素已退化许多。纬度越高，东亚人的肤色一般越浅，女性更是比男性白。东亚人的肤色基因目前还未知，但可能跟 ASIP 和 OCA2 基因有关联，跟欧洲人的 SLC24A5 基因不同，可能是分别独立演化出来的，是一种"趋同演化"（convergent evolution）的现象。[147] 至于东亚人的肤色，在数万年前，是否也跟英国切达人一样，经历过一个"肉食时期深褐色"的阶段，直到农业起源后（在中国大约为 8 000 年前），才慢慢演化成现在的浅棕色？这点目前似未有学者研究，详情不得而知，但或可如此合理推论。

人类肤色基因的研究，目前刚起步不久，有好些细节不明。我们现在可以确定的是，控制人类肤色的基因不止两三个，可能多达数十个甚至数百个，错综复杂，有许多问题有待研究。未来，古基因组专家应当也可以从数万年前（甚至数十万年前）的古人类化石中提取古 DNA，为他们做全基因组测序，从而加深我们对古人类肤色演化的认知。

第九章

文明人还在演化吗

40 多年前，我年轻的时候，也跟大学历史系的许多师生一样，"傻傻"地以为，人类最早的历史，就是"文明史"，因为历史系都有一门课，叫"世界文明史"或"中华文明史"之类的，讲的是号称人类"最早"的历史。虽然号称"最早"，但这些课大抵只是从新石器时代，从农业和城市的兴起讲起，起点大约在 1.2 万到 1 万年前，一点都不算"早"。至于更早的人类历史，比如说 2 万年前的，历史系就不教了，因为没有文字记录，没有任何"材料"可教。于是，我又"傻傻"地以为，人类的历史大约就是 1 万年左右吧。炎黄子孙传说中的那位始祖黄帝，不就只有 5 000 年的历史吗？中国的历史，一般也说是"长达"5 000 年。人类的历史 1 万年，够"长"了吧，很合理啊。

　　一直到后来，我读了人类演化史的许多英文论述，才惊觉人类的历史不止 1 万年，而是至少 600 万年，从人跟黑猩猩分离那时算起！

如果你修世界文明史或中华文明史这些课的目的，是要弄清楚人是怎么来的，中国人（或东亚人）又是怎么来的，那么这些课大概对你没有什么用处，因为它们的重点，就在课名上所标示的"文明"二字——只讲人类创造了"文明"的历史，不理会人类创造文明之前那段更漫长的"野蛮史"。所谓"文明"，指人类发明了农业、创立了城市等。实际上，对我来说，人类的野蛮史（演化史）反而更有趣。如果你不懂人类的野蛮史，大概也无法真正欣赏人类的文明史。

然而，在现代的大学，由于学术的分工，文明史通常放在历史系，人类演化史则一般放在人类学系（但也不是每所大学都开这种课），因此历史系出身的师生往往只知道文明史，却不熟悉人是怎样演化而来的那段野蛮史（或称"文明前史"）。

我们在本书前面几章见过，在"文明前史"的 600 万年期间，人怎么跟黑猩猩慢慢走上不同的演化道路，从"像猿"的模样演化成"像人"的样子。人又是怎样花了大约 400 万年，才从黑猩猩那种摇摇晃晃的四足行走，演化到今天灵巧的双足行走，最后终于走出了人类的诞生地非洲，向全世界扩散。到了大约 1 万年前，这些"野蛮人"（现代智人）、原始的狩猎-采集者，来到了中东的两河流域，发明了农业，建立了城邦，变成定居的农牧者。人类这才进入了"文明史"。我们一般说，"中国有 5 000 年的历史"。这句话其实有点语病，不完全对，应当说"中国有 5 000 年的文明史"，才算正确。

文明史的内容是大家比较熟悉的，但并非本书的主题。这里就不涉及了。在这一章，我想谈一谈演化史上的一个常见问题：经过 600 万年的演化，今天的"文明人"还在演化吗？

一、文化演化和生物演化

人和其他动植物一样，是一种演化而成的生物。从 600 万前跟黑猩猩的祖先分手以后，人就一直在演化，演化成今天智人这个样子，已经跟猿类相差很远了。而今，人不但能够流畅地双足行走，而且发明了石器，衍生出语言能力。更动人的是，人在过去约 1 万年中终于进入了文明史（黑猩猩还没有），发明了农耕和畜牧酪农（农业革命），创造了城市和上帝（宗教），设计了管理老百姓的种种政治和经济制度，更是走进工业革命，发展出种种科技和医学，甚至可以把人送上月球，并开始探索火星。

那么，人是否还在继续演化当中，将来又会演化成什么样子的新物种人类？又或者，人和所有生物一样，终有一天也必定会灭绝，就像恐龙灭绝一样，由其他更聪明、更有优势的物种替代？

人是否还在继续演化？科研人员分为两派。一派认为人已经停止演化，其代表人物是哈佛大学已故的知名生物学家古尔德（Stephen Jay Gould）。他认为，人在四五万年前，就停止了生物演化，身体内没有任何生物学上的变化。他的主要论点是，人既然有了文化和文明，就可以用文化的工具来取代生物演化。比如，人发明了针和线之后，便可以缝制兽皮或树皮衣服来抵御寒冷，所以人的身体便不需要像北极熊那样，演化出厚厚的皮下脂肪来御寒。这便是一种文化演化，和生物演化相对。火的发明，也正是一种文化演化，可以让人类去征服北国的冬天，而不需要做身体上的调整（生物演化）。

不过，古尔德等人属于 20 世纪的老派生物学家。当时，遗传基因学还未盛行。他们几乎没有什么基因证据可以引用。但到 21 世纪，科学家有了许多古人类和今人类的全基因组数据，进一步认清文明人（现代智人）不但没有停止演化，反而演化的速度比从前更快了。

二、乳糖耐不耐

事实上，就在过去的 1 万年，人类进入文明史之后，我们的身体仍然在演化当中。比如，欧洲人的肤色，是在大约 8 000 年到 5 000 年前，才从原本的"非洲黑"演化为白色

（见第八章）。青藏高原、南美洲安第斯山脉和非洲埃塞俄比亚的高山人口，是在约 1.25 万年前演化出适应能力的，可以在高山缺氧的环境中存活（见第二章）。澳大利亚的沙漠，白天酷热，温度达到 40 摄氏度以上，夜晚则降到 0 摄氏度以下，但澳大利亚原住民的祖先，在 5 万年前抵达之后，便在 8 000 年前左右产生基因突变，演化出适应能力，可以让他们的子孙后代在如此恶劣的环境中生活。[148] 不过，文明人最近的演化，最常被人引用的一个例证，便是著名的"乳糖耐不耐"的课题。

人在婴儿时期，都具有天生的乳糖能耐，也就是说，婴儿不管吮吸母乳，还是喝婴儿奶粉，都没有问题，可以消化母乳或牛奶中的乳糖，从中摄取营养。但过了婴儿期，断奶之后，到少年和成年阶段，人便失去这种消化乳糖的能力，以至于世界上有不少人无法喝奶，喝了就会腹胀、腹泻等。

然而，在欧洲和非洲那些酪农业发达的地区，却有不少成年人依然能够享用牛奶和乳制品。而东亚非酪农区的大部分人却不能喝奶，也不喜欢乳制品。为什么？

这正是人类演化史上一个有趣的课题。

在文明史之前的 600 万年，人只有在婴儿时期才需要喝母乳。大约 3 岁断奶之后，人从此便没有机会再喝奶了，于是他们消化乳糖的能力便毫无作用，慢慢退化了。不料，到了大约 8 500 年前，近东地区的农人驯服了牛羊，开始了畜牧酪农业，学会了生产大量牛羊奶，再把这种技术传到欧洲。这些地区的人们如果不能喝奶，就会丧失一大重要养分，存活概率也将大大降低，后代也少，且不健康。至于那些能喝奶的人，存活概率便大大提高，且更健康、更健壮，可以孕育更多的后代，把不能喝奶的人淘汰。

同一酪农区的人，为什么有些人能喝奶，有些人不能？答案是：他们的基因不同。能喝奶的人，他们的乳糖酶基因曾经在基因复制过程中发生了突变，可以合成乳糖酶，用以消化乳糖，可以喝奶。这是一种"好"的突变，且可以传给后代，后代也都能喝奶了。至于不能喝奶的人，他们没有这种基因突变，不能合成乳糖酶，无法消化乳糖，无法获得牛奶中的重要养分，健康状况欠佳，也无法孕育更多的下一代，最后被淘汰了。一种好的基因突变会受到"正选择"，会被保留下来，会快速"横扫"整个人口，让族群中的大部分人及其后代受惠，有生存上的优势。

今天，在欧洲和非洲的牧区，也并非人人都有乳糖能耐，但拥有乳糖耐受基因的人，远远比乳糖不耐者多。欧洲人的乳糖酶基因，又跟非洲人的不相同——两者是在过去 1 万年到 5 000 年前，分别独立演化出来的。[149] 在东亚和东南亚非牧区，则是乳糖不耐者远比乳糖耐者多。然而，在这些地区，乳制品并非主要产品，也不是成年人的主要食品，所以他们从未遭受到演化压力，不需要演化出乳糖耐受基因。

值得注意的是，这个乳糖耐不耐的问题，是在人类进入文明史之后才产生的。在文明史之前，没有畜牧酪农业，所以这个问题不存在。这可以证明在最近的 1 万年，人类的身体并没有停止演化，仍然随时可能发生生物学上的改变，以应付新的农牧环境。文化没有取代生物演化，反而导致新的生物演化。

举凡生物，都会演化，人也不例外。除了病菌，最新最好的另一个案例，就是 2020 年攻陷全球的新冠肺炎，其病毒后来不断演化为德尔塔毒株、奥密克戎毒株等。生物界再次向我们展示了演化的伟大力量，连肉眼看不见的病毒也有基因，也会自然发生基因突变而演化，人又岂能逃过生物界这个最根本的法则？

三、耐砷基因

人类身体的适应和演化能力不可小看。像砷这种剧毒，原本对人体有莫大的伤害。然而，在南美洲阿根廷西北部安第斯山脉的许多偏远村庄（见图 9.1），水资源短缺，地下水的含砷量极高，比世界卫生组织（WHO）所认定的安全标准高 20 倍或以上，但人们别无选择，只好饮用这种含砷的地下水。不过，2015 年的一项基因研究显示，他们的身体竟然有一种突变的砷基因 AS3MT，可以更迅速地把水中的砷代谢掉，因此

图 9.1　南美洲阿根廷西北部安第斯山脉的一个偏远村庄，地下水的含砷量极高（Guigue）

那里的人们可以喝这种含砷水。[150] 这种演化出来的本领，是如何产生的？

　　最初饮用这种含砷水的人，肯定有不少会因中毒而慢慢死去，但必定另有一些人天生就可以喝这种水而没事，因为他们有突变的基因，足以代谢水中的砷。这些人便存活下来，于是又把这种"好"的基因突变遗传给一代又一代。数百年之后，没有这种基因突变的人便慢慢中毒死去，只剩下那些有基因突变的人和他们的后代。数千年后，这个突变基因便"横扫"整个地区的人口——几乎人人都"继承"这种"特异功能"了。

这个案例，也清楚展现了人类差异、演化和自然选择的密切关系。现代智人虽然是同一个物种，但这个物种中的每一个个体却有微小的基因差异。也就是说，每个人的耐砷能力不一样。那些耐砷能力特别强的人，是因为拥有突变不同的耐砷基因，跟其他不耐砷的人不一样。演化要能发挥作用，前提是人类必须先要有人类差异和基因突变。在安第斯山脉这样的含砷环境中，那些拥有耐砷基因的人便能存活下来。所谓"适者生存"的真正意义，并不是说一个人的身体好，就能存活下去，而是说他拥有某种"合适的基因"，某种和常人不一样的突变基因，因而可以"适应"某种恶劣的环境而活下来。由于基因（包括基因突变）是可以遗传给后代的，因此这种耐砷的"特异功能"，也就可以一代传一代了。

2017 年，另一支研究团队在南美洲智利的阿他加马沙漠安第斯山脉地区所做的另一项研究，也证实这个地区的人口有耐砷基因 AS3MT，可以喝含砷水而未呈现出任何病征。团队估计，这个山区人口已经在这样恶劣的环境中生存了7 000 年，显示他们已演化出新的身体变化，以应付含砷的环境。[151]

水中含砷看起来像是个环境污染问题，但其实它也是个自然现象，因为砷的来源是山脉底下矿石所含的砷渗入地下水。南美洲安第斯山脉人口的这个耐砷基因深具意义，可以给我们不少启示。

第一，现代智人是在"最近"，即大约 1.5 万年前，才扩散到南美洲的，所以智人可以喝含砷水的这种身体变化，是在文明史之后才发生的。这不但证明文明人仍在演化当中，而且可以推论，人类将来在需要的时候，应当也可以演化出其他"特异功能"、其他基因突变来化解环境中的污染，比如空气中的霾害、水源中的塑胶微粒等。当然，这样的演化需要长时间，并非数十年或数百年可以达到，可能需要数千年的时间。但从演化时间上来说，数千年根本微不足道，宛如"一眨眼"之间。

第二，许多生物早就具备能力，可以适应有毒的环境而存活，关键在于基因突变。最好的一个例子，要算病菌（一种生物）跟抗生素之间的永恒战争。抗生素刚刚被研发时，往往有效，可以杀死病菌，但病菌也会演化，不断发展出新的突变基因，以应付抗生素，最后产生抗药性，使抗生素无效。于是，人类又得研发更强大的抗生素，以对付那些"杀不死"的"超级病菌"。

但我们对人类适应有毒环境的能力，目前所知很少——耐砷基因算是第一批，也是意义深长的一个。这意味着，人类目前做不到的事，将来（数千年后）却可能通过生物演化做得到。这为人类征服外太空、移民到火星等星球带来了希望。从这点来看，我们或许不必太过悲观看待未来的环境污染，以及气候变迁所带来的种种灾害。这或可通过人体的不断演化来解决，就像病菌不断在突变和演化，跟抗生素不断抗争一样。

第十章 | 结语

一、达尔文：壮伟的生命观

许多学者认为，达尔文的《物种起源》跟 19 世纪的许多科学著作一样，有不少地方难免"过时"了，比如它涉及物种形成（speciation）和遗传学的部分。但在科学史上，它具有创世记般的非凡意义，因为它教导我们以另一种观点，即演化的观点，来看待我们这个世界上的万物。

你如果没时间、没兴趣读完这本厚达 400 多页的大书，那么你至少应当读一读此书最后一章的最后一句。这一句写得极有诗意。我第一次读时，深受感动。最近为了翻译这一句，我白天默诵再三，晚上做梦都会梦见这一金句。达尔文是英国维多利亚时代的人物。他那个时代的英文句子一般都写得很长，语法结构复杂，但有一种特殊的节奏，要直接读英文原文才能欣赏它的美：

There is grandeur in this view of life, with its several powers, having been originally breathed into a few forms or into one ; and that, whilst this planet has gone cycling on according to the fixed law of gravity, from so simple a beginning endless forms most beautiful and most wonderful have been, and are being, evolved.

这样的生命观有一种壮伟：最初的几个或单个生物，被"吹了气"而有了生命；当地球在地心引力定律作用下，不断地运行（数十亿年），从如此简单的生命开始，却演化出无穷无尽最美丽最令人赞叹的其他种种生物，而且这些生物，从过去到现在，都还在继续演化当中。（赖瑞和译）

从英文句子结构看，这一大段虽长，但其实只有一句。现代英文作家很少会写得如此冗长复杂，一般会分成三四句。它总结了达尔文这本书的要义：地球上的生命，是在大约38亿年前从"几个或单个"单细胞体开始，但当地球在"地心引力定律作用下，不断地运行"数十亿年之后，从"如此简单的生命开始"，却"演化出无穷无尽最美丽最令人赞叹的其他种种生物"，如今仍然在演化中。

文中"forms"一词出现两次，指"forms of life"（形形色色的生物）。许多中译本译成"类型"，反而不知所云。以这种演化观点来看生命的起源和万象，达尔文的感叹是："这样的生命观有一种壮伟"，一点也不逊于西方《圣经》传统上"神创造了万物"的观点。

是谁最先给当初那"几个或单个"生物赋予生命力的？在《物种起源》的第一版，即 1859 年 11 月 24 日出版的那个版本（上面的引文即取自这个版本）上，达尔文并没有清楚说明这些最早期生物的生命是怎样来的。他这本书是要证明，万物皆从演化而来（不是神创造的），但在 19 世纪宗教信仰仍占主流的英国，他不敢如此"露骨"地说万物皆为演化的产物。所以他用了一个被动式的动词，含糊说这"几个或单个"生物"被吹了气"（breathed），也就是有了生命，但并没有说是"谁"在"吹气"。

不过，熟悉《圣经》的读者应该知道，"吹气"这个用语，其实典出《圣经》——"吹气"的人，正是上帝。神"吹气"使他用泥土创造的人有了生命。这生动的意象就出现在《圣经·创世记》（和合本 2.7）："耶和华神用地上的尘土造人，将生气吹在他鼻孔里，他就成了有灵的活人。"达尔文虽然用了这个《圣经》典故，但还是略有保留，不愿明说是神"吹气"，似乎刻意模棱两可，因为在字面意义上，演化也可以说是一个"吹气"者。

现代科学家普遍认为，地球生命的起源，是水和某些化学元素产生的化学反应，导致单细胞生物，如蓝菌的诞生。在以后数十亿年的时间里，这些单细胞生物就慢慢演化成如今我们所见到的千千万万种复杂的生物。

然而，《物种起源》出版后，舆论却纷纷质疑达尔文的演化论。于是，他在 1860 年 1 月的第二版中，便不得不说得更明白，稍做让步，增添了"被造物主吹了气"（breathed by the Creator），也就是被神吹了气，似乎想平息争论，虽然他骨子里恐怕不相信这点。如果相信，那他这本大书岂不是白写、白费功夫了吗？从此，《物种起源》以后的版本，也就遵从了第二版中的表述。但达尔文在 1863 年写信给一个知己朋友说，他后悔添加了"造物主"这个《圣经》用语。由此看来，我们阅读和引用《物种起源》，应当采用它的第一版才对。那才是最原汁原味的达尔文。

二、我们的身体里有一条鱼

我们常说，人和黑猩猩有一个共同的祖先。但更准确地说，这个祖先只不过是"上一个共祖"（the last common

ancestor）罢了，并非唯一一个。英文里所说的 last，意思不是"最后"，而是"上一个"。比如 last week，意思是"上个星期"，不是"最后一个星期"。"上一个共祖"，离我们距今有600 万年的历史。但人类的共祖其实不止一个。如果我们要追溯人类更远的上上一个共祖、数亿年前的共祖，那就几乎没完没了了。比如，在 2 500 万年前，人和猴子有一个共祖。更远一点，人和爬行类动物也有一个共祖。再远一些，在 3.75 亿年前，人甚至和鱼也有一个共祖。

这是因为世间的万物（包括人类），都可以追溯到 38 亿年前达尔文所说的那"几个或单个"生物。想想看，从当初"几个或单个"生物，却演化出如今"无穷无尽最美丽最令人赞叹的其他种种生物"，包括鱼、两栖动物、蛇、恐龙、大象、黑猩猩和人，甚至还包括各种树木、草本植物等，而且它们到现在还在继续演化当中。这不是很"壮伟"吗？

许多人（尤其是那些时髦的男女文青）最爱问："我是谁？我从哪里来？我将往何处去？"从生物演化史的角度看，这些问题有相当明确的答案，一点也不"玄"或"炫"，也不需要什么哲学思考。哲学反而会把问题弄得更复杂，更难被解决。

说白了，你只不过是那"无穷无尽最美丽最令人赞叹的其他种种生物"之一。在 38 亿年前，你是那个单细胞的生物。到了大约 3.75 亿年前，你是水中的一条鱼。现在你身体里的那根椎骨，就演化自你平日吃鱼时丢弃不吃的椎柱。鱼的历史比人的历史古老多了。

美国芝加哥大学古生物学家尼尔·舒宾（Neil Shubin，见图 10.1）和他的研究团队，2004 年在加拿大北极区找到一条 3.75 亿年前的鱼化石，给它取名为"提塔利克"（Tiktaalik，见图 10.2 和图 10.3）。这是一个过渡物种，介于水中肉鳍鱼类（sarcopterygians）和陆上四足动物（tetrapods）之间，为水生动物如何爬上岸，演化成陆地动物，提供了绝佳的化石证据。[152] 它的鱼鳍变成四足动物的四肢（人的双手和双脚）。后来的四足动物，如爬行动物、哺乳动物、灵长类（包括人类），都是这种始祖鱼的后代。2009年，舒宾把他的研究发现写成一本通俗的科普书，书名叫

图 10.1　美国芝加哥大学古生物学家舒宾（芝加哥大学新闻室）

图 10.2　古生物画家笔下的提塔利克。注意它那强有力的鱼鳍，后来演化成四足动物的四肢和人的手脚
（Zina Deretsky/National Science Foundation/Public Domain）

图 10.3　提塔利克重构图，显示它的脊柱和鳍骨（Neil Shubin）

Your Inner Fish[①]。台湾生物学者杨宗宏把它译成《我们的身体里有一条鱼》，极为贴切传神。

　　你现在还在演化中，只是你自己不知道，也看不见。但你

―――――――――

　　[①]　2009 年 8 月，此书由中信出版社出版，书名为《你是怎么来的》。——编者注

若了解演化史，会知道这是真的。想想看，你这弱小的身体，竟是万物演化中的一个小小环节，为生物演化默默做出贡献。知道了这一点，或许你也会油然地生出一种自豪感、谦卑感、神奇感，即达尔文所说的"壮伟的生命观"。

人类将往何处去？如今科技发达，人类似乎是万能的，好像可以永远存活下去，永远不会灭绝。但在生物学上，没有一种生物可以长生不死。所有生物只不过是演化史上的一环，都有灭绝的一天。美国乔治华盛顿大学演化生物学教授派伦（R. Alexander Pyron）2017 年发表评论说，地球上的生物曾经超过 500 亿种，现在 99.9% 都已经灭绝了，或演化成其他物种。物种灭绝本来就是演化的一部分，不必大惊小怪。它甚至是推动演化的引擎。物种灭绝后，会衍生出新物种。[153]

像我们这个智人种，有一天肯定是要绝种的，或演化成其他更能适应未来环境的新物种人类。问题不是"会不会"灭绝，而是"什么时候"灭绝。恐龙在地球上横行称霸了大约 1 亿多年后，还是灭绝了。直立人在地球上存活了约 200 万年，也绝种了。智人的历史目前只有大约 30 万年（见第七章）。如果比照直立人的案例，智人大约还可以再活 170 万年，且智人现在有 70 亿以上人口，暂时还不至于"濒临绝种"。我们大可不必过于担心——继续勇敢活下去，继续繁衍，继续演化，以完成我们的使命吧。

附录一

人类物种一览表

物种	存活时间	发现地点
早期人族成员（Early Hominins）		
乍得撒海尔人（杜迈） *Sahelanthropus* *tchadensis*	720万—600万年前	中非乍得
土根原初人（千禧人） *Orrorin tugenesis*	600万年前	肯尼亚
族祖地猿 *Ardipithecus kadabba*	580万—430万年前	埃塞俄比亚
始祖地猿（阿尔迪） *Ardipithecus ramidus*	440万年前	埃塞俄比亚
细小南猿（*Gracile Australopiths*）		
南猿湖畔种 *Australopithecus anamensis*	420万—390万年前	肯尼亚、埃塞俄比亚
普罗米修斯南猿 *Australopithecus prometheus*	360万年前	南非
阿法南猿 *Australopithecus afarensis*	390万—300万年前	坦桑尼亚、肯尼亚、埃塞俄 比亚
南猿非洲种 *Australopithecus africanus*	300万—200万年前	南非
南猿源泉种 *Australopithecus sediba*	200万—180万年前	南非
南猿惊奇种 *Australopithecus garhi*	250万年前	埃塞俄比亚
肯尼亚扁脸种 *Kenyanthropus platyops*	350万—320万年前	肯尼亚

物种	存活时间	发现地点
粗壮南猿（Robust Australopiths）		
南猿埃塞俄比亚种 *Australopithecus aethiopicus*	270 万—230 万年前	肯尼亚、埃塞俄比亚
南猿鲍氏种 *Australopithecus boisei*	230 万—130 万年前	坦桑尼亚、肯尼亚、埃塞俄比亚
南猿粗壮种 *Australopithecus robustus*	200 万—150 万年前	南非
人属（Homo）		
能人 *Homo habilis*	240 万—140 万年前	坦桑尼亚、肯尼亚
鲁道夫人 *Homo rudolfensis*	190 万—170 万年前	肯尼亚、埃塞俄比亚
直立人 *Homo erectus*	200 万—20 万年前	非洲、亚洲、欧洲（？）
先驱人 *Homo antecessor*	约 120 万—80 万年前	南欧（西班牙等地）
海德堡人 *Homo heidelbergensis*	70 万—20 万年前	非洲、欧洲
纳莱迪人 *Homo naledi*	33 万—23 万年前	南非
尼安德特人 *Homo neanderthalensis*	20 万—3 万年前	欧洲、亚洲
丹尼索瓦人 *Denisovans*	20 万—2 万年前	欧洲、亚洲、大洋洲

物种	存活时间	发现地点
弗洛勒斯人 *Homo floresiensis*	9万—2万年前	印度尼西亚 弗洛勒斯岛
吕宋人 *Homo luzonensis*	约6万—5万年前	菲律宾吕宋岛 2019年命名
智人 *Homo sapiens*	约30万年前起至今	目前唯一仍存活的人类物种，分布全球

注1：本表主要根据 Daniel Lieberman，*The Story of the Human Body*，2013，p.52 and p.102，并补充最新材料。

注2：中文论述中常见的元谋人、蓝田人、郧县人、北京人、和县人、大荔人、崇左人、道县人、资阳人、田园洞人、澎湖原人、山顶洞人等，并非严格的物种名，只是一种"俗称"。他们一般被归类为直立人或智人，或介于直立人和智人之间的"古老型人类"（"过渡类型"）。

注3：弗洛勒斯人和吕宋人，是在国际学报上正式描述和定名的物种（化石种），有别于直立人或智人，所以列在上表中。

注4：各物种的存活时间，有许多不能确定，常会因新材料的发现而修改。各家的说法也不尽相同。以上所列，仅供参照。

为什么是『演化』而非『进化』

本书几乎全用"演化"一词，只有在极少数几个地方，为了顾及引用的原文，才用"进化"，比如提到吴新智的论点"连续进化，附带杂交"。读者的第一个反应很可能是："大家都说进化，为什么你要用演化？"本文拟略为解说为什么。近年来，在古人类学界，使用"演化"一词的专业论文越来越多，例如高星的《朝向人类起源与演化研究的共业：古人类学、考古学与遗传学的交叉与整合》[154]。这是可喜的现象。希望我们将来能够摆脱"进化"的旧思维，可以"进化"到改用"演化"。

相反，在中国台湾地区和海外几个中文地区，如马来西亚、新加坡、美国、加拿大等地，他们的生物学教科书、通俗读物和报纸杂志，早已普遍使用"演化"，很少见到"进化"。台湾学者更经常撰文，认为"演化"才能正确表达英文

evolution 的核心概念。

最关键的一点是，英文的 evolution 是没有方向的，可以指生物从简单变复杂，从小变大，但也可以指生物从复杂变简单，从大变小。这种双向的演变，都可以用"演化"一词来描述。然而，"进化"就没有这样的弹性了。它是单向的，表示从低等到高等，从简单变复杂，从小变大，从落后变进步，隐含着一种"进步"的思维。"演化"则是中性字眼，不含"进步"或"落后"的价值判断，在科学论述上更客观可取。

以本书讨论过的人类演化细节来说，人的脑容量从小变大，可以说是"进化"，但说是"演化"可能更好。然而，在200万年前的人属时期，人的手臂由长变短，是进化、退化，还是演化？从进化的角度看，恐怕是人的手臂"退化"了、变短了，因为直立人这时候不再爬树、栖息在树上，手臂的功能大大退化，所以变短，应该不能说是一种"进化"。这时，若改用"演化"来表述这一变化，应当更恰当。

再以本书第八章《人类肤色的演化》为例。人原本局限在非洲的时候，肤色是黑色系的，但人走出非洲，向全世界扩散以后，便需要在某些紫外线没有非洲那么强烈的地区，"演化"出比较浅的肤色，如欧洲人的粉白色和东亚人的浅白到浅黄色，以便更有效地合成人体所需的维生素 D。这种现象，是"进化"吗？不是。浅色系不代表"进化"或"进步"，它只不过是最适合人类在紫外线弱的地区赖以生存的肤色。同样，黑色系皮肤不表示"退化"或"落后"。它是人类在紫外线强烈的地区（如非洲和南亚次大陆）最适合生存的颜色（详见第八章的讨论）。

如果把第八章的标题改为《人类肤色的进化》，把欧洲和东亚的浅色系看成"进化"，那岂不等于暗示非洲和南亚的黑色系肤色是"退步"的、"落后"的吗？这恐怕会引发许多问题，构成种族主义的论调，遭到世人的挞伐。改用"演化"不但正确，而且可以避免这一类争议。

2009 年，适逢达尔文诞辰 200 周年和他的大师之作《物种起源》出版 150 周年，学界有不少纪念活动。美国芝加哥大学生态与演化科学系的杰里·科因教授，一位专门研究物种起源的学者，为此特别写了一本科普书 *Why Evolution Is True*。他的中国同事龙漫远，是同系的巴帕芝安杰出服务讲座教授（Edna K. Papazian Distinguished Service Professor），一位专门研究基因起源和演化的学者。龙教授读后大为赞赏，于是辗转将它推荐给当时在纽约哥伦比亚大学念博士的叶盛，让其翻译成中文。中译书名改为《为什么要相信达尔文》（北京科学出版社，2009）。龙教授在最后审读译稿时，发现叶盛用"进化"来翻译原书的 evolution 及其动词 evolve，觉得不妥，于是强烈建议出版社把"进化"全部改为"演化"。出版社也听取了龙教授的意见。

后来，龙教授特地写了一篇文章《"演化"而非"进化"——对〈为什么要相信达尔文〉一文翻译的说明》[155]，解释为什么要用"演化"而非"进化"。他反对使用"进化"，最重要的一个理由，就是"自然界没有一个从简单到复杂的必然的进化规律"。他说："每年我们和杰里（《为什么要相信达尔文》一书的作者）都要就这个问题给学生讲课。假如他知道你们用了'进化'这个词，他就要找你的：'你怎么能用这么个词呢？'他们对书的传播是非常在意的。"

在文章的结尾，龙教授又语重心长地说："我希望国内的公众得到正确的信息，以后再重编《辞海》《新华词典》《现代汉语词典》之类工具书的时候，有一个正确的描述。原来很多人认为这只是约定俗成，但这个约定俗成是和定义连在一块儿的，如果你讲'进化'，你心里就想：'哦，生物的变化是有方向的。'你就错了。所以这个错误已经不是语言文字的错误，是定义错误，描述的错误，对公众的理解有误导。"

我非常赞同龙教授的论点。

注　释

1. 最早以基因数据来计算人和黑猩猩等巨猿遗传距离的，是当时台湾清华大学生命科学系博士生陈丰奇和美国芝加哥大学的李文雄（陈的导师），见 F. C. Chen and W. H. Li, Genomic divergences between humans and other hominoids and the effective population size of the common ancestor of humans and chimpanzees. *American Journal of Human Genetics*, 68 (2)：444-456 (2001)。详细的讨论见 Eugene E. Harris, *Ancestors in Our Genome：The New Science of Human Evolution*. New York：Oxford University Press, 2014, 第三章。第 41 页特别引用了陈丰奇的这篇论文。

2. J. D. Kingston, Shifting adaptive landscapes：Progress and challenges in reconstructing early hominid environments. *Yearbook of Physical Anthropology*, 50：20-58 (2007)；T. E. Cerling et al., Woody cover and hominin environments in the past 6 million years. *Nature*, 476：51-56(2011).

3. Jerry A. Coyne, "The Origin of Species," *Why Evolution Is True*. New York：Penguin, 2009, pp. 168-170. 此书有叶盛的中译本《为什么要相信达尔文》（科学出版社，2009）。科因是迈尔的学生，专门研究物种形成。他跟 H. 艾伦·奥尔（H. Allen Orr）合著的《物种形成》（*Speciation*）一书（Sunderland, Mass.：Sinauer Associates, 2004），是这方面目前最通行的参考用书和教科书。本书论及的物种形成主要依据的是科因的理论。

4. Ernst Mayr, *Animal Species and Evolution*. Cambridge, Mass. : Harvard University Press, 1963.

5. Ernst Mayr, *Animal Species and Evolution* ; Eugene E. Harris, *Ancestors in Our Genome*, p.49.

6. Jerry A. Coyne, "The Origin of Species," *Why Evolution Is True*, pp. 170-175.

7. N. Patterson et al., Genetic evidence for complex speciation of humans and chimpanzees. *Nature*, 441 : 1103-1108 (2006).

8. Eugene E. Harris, *Ancestors in Our Genome*, pp. 52-53 ; T. R. Disotell, "Chumanzee" evolution : the urge to diverge and merge. *Genome Biology*, 7 (11) : 240 (2006).

9. Eugene E. Harris, *Ancestors in Our Genome*, p. 53.

10. Sally McBrearty and Nina G. Jablonski, First fossil chimpanzee. *Nature*, 437 : 105-108 (1 Sept. 2005).

11. M. A. Bakewell, P. Shi and J. Zhang, More genes underwent positive selection in chimpanzee evolution than in human evolution. *Proceedings of the National Academy of Sciences*, 104 : 7489 (1 May 2007).

12. 见《科学》2009 年 10 月 2 日的始祖地猿专辑。

13. T. D. White et al., Neither chimpanzee nor human, *Ardipithecus* reveals the surprising ancestry of both. *Proceedings of the National Academy of Science*, 112 : 4877-4884 (2015).

14. http : //johnhawks.net/weblog/topics/phylogeny/taxonomy/humans-arent-apes-2012.html.

15. Jean-Jacques Hublin, New fossils from Jebel Irhoud, Morocco and the pan-African origin of *Homo sapiens*. Nature, 546 : 289-292 (8 June 2017) ; Ann Gibbons, World's oldest *Homo sapiens* fossils found in Morocco. *Science*, 7 June 2017 online.

16. 例如, James H. Mielke et al., *Human Biological Variation*, 2nd ed. Oxford University Press, 2010。

17. 美国 PBS-NOVA 电视台的纪录片 *Dawn of Humanity*, directed by Graham Townsley, 2015。

18. Lee Burger and John Hawks, *Almost Human*. New York : National Geographic, 2017.

19. Michel Brunet et al., A new hominid from the Upper Miocene of Chad, Central Africa. *Nature*, 418 : 145-151 (11 July 2002).

20. Milford H. Wolpoff et al., Sahelanthropus or 'Sahelpithecus'? *Nature*, 419 : 581-582 (10 Oct. 2002).

21. R. E. Green et al., A draft sequence of the Neandertal genome. *Science*, 328 : 710-722 (2010).

22. K. Prüfer et al., The complete genome sequence of a Neanderthal from the Altai Mountains. *Nature*, 505 : 43-49 (2014).

23. K. Prüfer et al., A high-coverage Neandertal genome from Vindija Cave in Croatia. *Science*, 358 : 655-658 (3 Nov. 2017).

24. B. Vernot and J. M. Akey, Complex history of admixture between modern humans and Neandertals. *American Journal of Human Genetics*, 96 : 448-453 (2015) ; Svante Pääbo, *Neanderthal Man : In Search of Lost Genomes*. New York : Basic Books, 2014.

25. Martin Kuhlwilm et al., Ancient gene flow from early modern humans into Eastern Neanderthals. *Nature*, 530 : 429-433 (25 Feb. 2016).

26. Lu Chen and Joshua M. Akey et al., Identifying and Interpreting Apparent Neanderthal Ancestry in African Individuals. *Cell*, 180 : P677-687 (20 Feb. 2020).

27. M. Meyer et al., A high-coverage genome sequence from an archaic Denisovan individual. *Science*, 338 : 222-226 (2012).

28. David Reich et al., Denisova admixture and the first modern human dispersals into Southeast Asia and Oceania. *American Journal of Human Genetics*, 89 : 516-528 (2011).

29. Emilia Huerta-Sánchez et al., Altitude adaptation in Tibetans caused by introgression of Denisovan-like DNA. *Nature*, 512 : 194-197 (14 Aug. 2014).

30. Ann Gibbons, The species problem. *Science*, 331 : 394 (28 Jan. 2011).

31. 例如，Daniel Lieberman, *The Story of the Human Body*. New York : Pantheon, 2013, p. 349。但他没有说明原因。

32. https : //whyevolutionistrue.wordpress.com/2011/01/28/how-many-species-of-humans-were-contemporaries/.

33. Benjamin Vernot and Joshua M. Akey, Resurrecting surviving Neandertal lineages from modern human genomes. *Science*, 343 : 1017-1021 (28 Feb. 2014) ; Sriram Sankararaman et al., The genomic landscape of Neanderthal ancestry in present-day humans. *Nature*, 507 : 354-357 (20 March 2014).

34. 张明，付巧妹，《史前古人类之间的基因交流及对当今现代人的影响》，《人类学学报》，第 37 卷第 2 期，206~218 页（2018 年 5 月）。

35. Viviane Slon et al., The genome of the offspring of a Neanderthal mother and a Denisovan father. *Nature*, published online 22 August 2018.

36. Matthew Warren, First ancient-human hybrid. *Nature*, 560 : 417-418 (23 Aug. 2018).

37. Fahu Chen, Dongju Zhang, and Jean-Jacques Hublin et al., A late Middle Pleistocene Denisovan mandible from the Tibetan Plateau. *Nature*, 1 May 2019 online.

38. Chun-Hsiang Chang et al. The first archaic *Homo* from Taiwan. *Nature Communications*, 6 : 6037 (2015).

39. Frido Welker and Enrico Cappellini et al., The dental proteome of *Homo antecessor*. Nature, 580 : 235-238 (1 April 2020).

40. David Gokhman et al., Reconstructing Denisovan Anatomy Using DNA Methylation Maps. *Cell*, 179 : P180-192 (19 Sept. 2019).

41. 例如，美国华盛顿特区史密森尼学会博物馆网站上的人类家族图: http : // humanorigins.si.edu/evidence/human-family-tree。

42. http : //www.nhm.ac.uk/discover/the-origin-of-our-species.html.

43. Brian G. Richmond & David S. Strait, Evidence that humans evolved from a knuckle-walking ancestor. *Nature*, 404 : 382-385 (23 March 2000).

44. Yves Coppens, East side story : the origin of humankind. *Scientific American*, 270 (5) : 88-95 (May 1994).

45. Michel Brunet et al., A new hominid from the Upper Miocene of Chad, Central Africa. *Nature*, 418 : 145-151 (11 July 2002).

46. Ewen Callaway, Femur findings remain a secret. *Nature*, 553 : 391 (25 Jan. 2018).

47. Brigitte Senut et al., First hominid from the Miocene (Lukeino Formation, Kenya). *Comptes Rendus de l' Académie des Sciences*, 332 (2) : 137-144 (2001).

48. Brian G. Richmond and William L. Jungers, *Orrorin tugenensis* Femoral Morphology and the Evolution of Hominin Bipedalism. *Science*, 319 : 1662-1665 (21 March 2008).

49. 见 *Science* 2009 年 10 月 2 日的始祖地猿专题报道。

50. T. D. White et al., Neither chimpanzee nor human, *Ardipithecus* reveals the surprising ancestry of both. *Proceedings of the National Academy of Sciences*, 112 : 4877-4884 (2015).

51. Yohannes Haile-Selassie et al., A 3.8-million-year-old hominin cranium from Woranso-Mille, Ethiopia. *Nature*, 573 : 214-219 (28 Aug. 2019).

52. C. O. Lovejoy, Reexamining human origins in the light of Ardipithecus ramidus.

Science, 326 : 74 (2009).

53. Daniel Lieberman, *The Story of the Human Body*, pp. 44-45.

54. M. D. Sockol, D. A. Raichlen, and H. D. Pontzer, Chimpanzee locomotor energetics and the origin of human bipedalism. *Proceedings of the National Academy of Sciences*, 104 : 12265-12269 (2007).

55. S. K. S. Thorpe, R. L. Holder, and R. H. Crompton, Origin of human bipedalism as an adaptation for locomotion on flexible branches. *Science*, 316 : 1328-1331 (2007).

56. Daniel Lieberman, *The Story of the Human Body*, pp. 37-40.

57. Ann Gibbons, Habitat for humanity. *Science*, 326 : 40 (2 Oct. 2009).

58. W. E. Harcourt-Smith and L. C. Aiello, Fossils, feet and the evolution of human bipedal locomotion. *Journal of Anatomy*, 204 : 403-416 (May 2004).

59. Donald C. Johanson and M. E. Edey, *Lucy : The Beginnings of Humankind*. New York : Simon and Schuster, 1981.

60. 普罗米修斯南猿是由南非古人类学家克拉克（Ronald Clarke）1994 年发现的，但由于化石深埋在南非一个洞穴的坚硬岩石中，挖掘和清理工作长达 20 多年，一直到 2017 年年底才公开展示。不过，1995 年，克拉克就对这个南猿的脚骨及其分叉式脚趾头做了描述，见 Ronald J. Clarke and Phillip V. Tobias, Sterkfontein Member 2 Foot Bones of the Oldest South African Hominid. *Science*, 269 : 521-524 (28 July 1995)。

61. Yohannes Haile-Selassie et al., A New Hominin foot from Ethiopia shows multiple Pliocene bipedal adaptations. *Nature*, 483 : 565-569 (29 March 2012).

62. Christopher B. Ruff et al., Limb Bone Structural Proportions and Locomotor Behavior in A.L. 288-1（"Lucy"）. *Public Library of Science PLoS* ONE, 11 (11) : e0166095 (30 Nov. 2016).

63. John Kappelman et al., Perimortem fractures in Lucy suggest mortality from fall out of tall tree. *Nature*, 537 : 503–507 (22 Sept. 2016).

64. Ian Sample, Family tree fall : human ancestor Lucy died in arboreal accident, say scientists. *The Guardian* (29 August 2016).

65. J. M. DeSilva et al., The lower limb and walking mechanics of *Australopithecus sediba*. Science, 340 : 1232999 (12 April 2013).

66. Daniel Lieberman, Human evolution : Those feet in ancient times. *Nature*, 483 : 550-551 (29 March 2012).

67. Kevin G. Hatala, Brigitte Demes, and Brian G. Richmond, Laetoli footprints reveal bipedal gait biomechanics different from those of modern humans and chimpanzees. *Proceedings of the Royal Society B : Biological Sciences*, 283 : 20160235 (Aug. 17, 2016).

68. F. T. Masao et al., New footprints from Laetoli (Tanzania) provide evidence for marked body size variation in early hominins. *eLife*, 5 : e19568 (2016).

69. *Proceedings of the National Academy of Sciences*, 110 (June 2013).

70. Richard G. Klein, Stable carbon isotopes and human evolution. *Proceedings of the National Academy of Sciences*, 110 : 10470-10472 (June 2013).

71. M. Domínguez-Rodrigo, Is the "Savanna Hypothesis" a Dead Concept for Explaining the Emergence of the Earliest Hominins ? *Current Anthropology*, 55 : 59-81 (Feb. 2014).

72. S. Semaw et al., 2.5-million-year-old stone tools from Gona, Ethiopia. *Nature*, 385 : 333–336 (1997) ; Semaw, S. et al. 2.6-Million-year-old stone tools and associated bones from OGS-6 and OGS-7, Gona, Afar, Ethiopia. *Journal of Human Evolution*, 45 : 169-177 (2003).

73. Shannon P. McPherron et al., Evidence for stone-tool-assisted consumption of animal tissues before 3.39 million years ago at Dikika, Ethiopia. *Nature*, 466 : 857-860 (12 Aug. 2010).

74. Sonia Harmand et al., 3.3-million-year-old stone tools from Lomekwi 3, West Turkana, Kenya. *Nature*, 521 : 310-315 (21 May 2015).

75. Brian Villmoare et al., Early *Homo* at 2.8 Ma from Ledi-Geraru, Afar, Ethiopia. *Science*, 347 : 1352-1355 (20 March 2015).

76. Bernard Wood and Mark Collard, The Human Genus. *Science*, 284 : 65-71 (1999).

77. F. Brown, J. Harris, R. Leakey and A. Walker, Early *Homo erectus* skeleton from west Lake Turkana, Kenya. *Nature*, 316 : 788-792 (1985) ; Alan Walker and Richard Leakey, eds., *The Nariokotome* Homo erectus *Skeleton*. Harvard University Press, 1993.

78. Daniel Lieberman, Homing in on Early *Homo*. *Nature*, 449 : 291-292 (20 Sept. 2007).

79. Leslie C. Aiello and Peter Wheeler, The expensive-tissue hypothesis : The brain and the digestive system in human and primate evolution. *Current Anthropology*, 36 : 199-221(1995).

80. R. I. M. Dunbar, The social brain hypothesis. *Evolutionary Anthropology*, 6 : 178-190 (1998).

81. Katherine D. Zink and Daniel E. Lieberman, Impact of meat and Lower Palaeolithic food processing techniques on chewing in humans. *Nature*, 531 : 500-503 (2016).

82. Susan C. Antón, Richard Potts, and Leslie C. Aiello, Evolution of early *Homo* : An integrated biological perspective. *Science*, 345 : 1236828 (2014).

83. D. M. Bramble and D. E. Lieberman, Endurance running and the evolution of *Homo*. *Nature*, 432 : 345-352 (2004).

84. M. R. Bennett et al., Early hominin foot morphology based on 1.5-million-year-old footprints from Ileret, Kenya. *Science*, 323 : 1197-1201 (27 Feb. 2009) ; H. L. Dingwall et al., Hominin stature, body mass, and walking speed estimates based on 1.5-million-year-old fossil footprints at Ileret, Kenya. *Journal of Human Evolution*, 64 : 556-568 (2013) ; Kevin G. Hatala et al., Footprints reveal direct evidence of group behavior and locomotion in *Homo erectus*.

Scientific Reports, 6 : 28766 (2016) ; N. T. Roach et al., Pleistocene footprints show intensive use of lake margin habitats by *Homo erectus groups. Scientific Reports*, 6 : 26374 (2016).

85. Yana G. Kamberov et al., A genetic basis of variation in eccrine sweat gland and hair follicle density. *Proceedings of the National Academy of Sciences*, 112 : 9932–9937 (2015) ; Catherine P. Lu et al., Spatiotemporal antagonism in mesenchymal-epithelial signaling in sweat versus hair fate decision. *Science*, 354 : aah6102 (2016).

86. R. G. Franciscus and E. Trinkaus, Nasal morphology and the emergence of *Homo erectus. American Journal of Physical Anthropology*, 75 : 517-527 (1988).

87. Daniel Lieberman, *The Story of the Human Body*, pp. 81-82.

88. Zhaoyu Zhu, Robin Dennell et al., Hominin occupation of the Chinese Loess Plateau since about 2.1 million years ago. *Nature*, 559 : 608-612 (26 July 2018).

89. Reid Ferring et al., Earliest human occupations at Dmanisi (Georgian Caucasus) dated to 1.85-1.78 Ma. *Proceedings of the National Academy of Sciences*, 108 : 10432–10436 (28 June 2011) ; Ann Gibbons, A New Body of Evidence Fleshes Out *Homo erectus. Science*, 317 : 1664 (21 Sept. 2007).

90. Colin Barras, Tools from China are oldest hint of human lineage outside Africa. *Nature*, published online 11 July 2018. doi : 10.1038/d41586-018-05696-8.

91. John Kappelman, An early homonin arrival in Asia. *Nature*, 559 : 480-481 (26 July 2018).

92. G. Philip Rightmire et al., Skull 5 from Dmanisi : Descriptive anatomy, comparative studies, and evolutionary significance. *Journal of Human Evolution*, 104 : 50-79 (March 2017).

93. Eudald Carbonell et al., The first hominin of Europe. *Nature*, 452 : 465-470 (2008).

94. 见她在美国 PBS-NOVA 电视台记录片 *Becoming Human*，Part 3 中的访谈。

95. Vivek V. Venkataraman et al., Hunter-gatherer residential mobility and the marginal value of rainforest patches. *Proceedings of the National Academy of Sciences*，114：3097-3102 (21 March 2017).

96. 吴新智，《巫山龙骨坡似人下颌属于猿类》,《人类学学报》，第 19 卷第 1 期，第 1~10 页（2000 年 2 月）。

97. Huang Wanpo, Russell L. Ciochon at., Early Homo and associated artefacts from Asia. *Nature*，378：275-278 (16 Nov. 1995)；Russell L. Ciochon, The mystery ape of Pleistocene Asia. *Nature*，459：910-911 (18 June 2009)；Rex Dalton, Early man becomes early ape. *Nature*，459：899 (18 June 2009).

98. R. X. Zhu, R. Potts et al., Early evidence of the genus Homo in East Asia. *Journal of Human Evolution*，55：1075-1085 (2008).

99. 朱日祥，邓成龙，潘永信，《泥河湾盆地磁性地层定年与早期人类演化》,《第四纪研究》，第 27 卷第 6 期，922~944 页（2007 年 11 月）；R. X. Zhu et al., New evidence on the earliest human presence at high northern latitudes in northeast Asia. *Nature*，431：559-562 (2004).

100. 郭钊，《谢飞：苦乐学涯》,《河北画报》，2008 年 10 期，30~35 页。

101. Kathy Schick and Nicolas Toth, *Making Silent Stones Speak：Human Evolution and the Dawn of Technology*. New York：Simon and Schuster, 1993, pp. 167-168.

102. Zhao-Yu Zhu, New dating of the *Homo erectus* cranium from Lantian (Gongwangling), China. *Journal of Human Evolution*，78：144-157 (2015).

103. 吴新智，《周口店北京猿人研究》,《生物学通报》第 36 卷第 6 期，1~3 页（2001 年）。

104. Ernst Mayr, Taxonomic categories in fossil hominids. *Cold Spring Harbor Symposia on Quantitative Biology*，15：109-118 (1950).

105. Richard Wrangham, *Catching Fire：How Cooking Made Us Human*. New York：Basic Books, 2009.

106. F. P. Berna et al., Microstratigraphic evidence of *in situ* fire in the Acheulean strata of Wonderwerk Cave, Northern Cape province, South Africa. *Proceedings of the National Academy of Sciences*, 109 : 1215–1220 (2012) ; N. Goren-Inbar et al., Evidence of hominin control of fire at Gesher Benot Ya'aqov, Israel. *Science*, 304 : 725-727 (2004).

107. 高星，张双权，张乐，陈福友，《关于北京猿人用火的证据：研究历史、争议与新进展》，《人类学学报》，第 35 卷第 4 期，481~492 页（2016 年 11 月）。

108. Jean-Jacques Hublin, New fossils from Jebel Irhoud, Morocco and the pan-African origin of *Homo sapiens*. *Nature*, 546 : 289-292 (8 June 2017) ; Ann Gibbons, World's oldest *Homo sapiens* fossils found in Morocco, *Science*, 7 June 2017 online.

109. C. B. Stringer, Modern human origins : progress and prospects. *Philosophical Transactions of the Royal Society B*, 357 : 563-579 (2002) ; Chris Stringer, *The Origin of Our Species*. London : Allen Lane, 2011.

110. 最佳的论述，见 Milford Wolpoff et al., Modern human ancestry at the peripheries : A test of the replacement theory. *Science*, 291 : 293-297 (12 Jan. 2001) ; Wu Xinzhi, On the origin of modern humans in China. *Quaternary International*, 117 : 131-140 (2004)。吴新智的中文论文见《现代人起源的多地区进化学说在中国的实证》，《第四纪研究》，第 26 卷第 5 期，702~709 页（2006 年 9 月）。

111. Wu Liu et al., The earliest unequivocally modern humans in southern China. *Nature*, 526 : 696-699 (29 Oct. 2015).

112. Katerina Harvati et al., Apidima Cave fossils provide earliest evidence of *Homo sapiens* in Eurasia. *Nature*, published online 10 July 2019.

113. 柯越海，宿兵，肖君华，金力等，《Y 染色体单倍型在中国汉族人群中的多态性分布与中国人群起源及迁移》，《中国科学》，C 辑，第 30 卷第 6 期，614~620 页（2000 年 12 月）；柯越海，宿兵，金力等，《Y 染色体遗传学证据支持现代中国人起源于非洲》，《科学通报》第 46 卷第 5 期，411~414 页（2001 年 3 月）；Ke Y, Su B, Song X, et al., African origin of modern humans in East Asia : A tale of 12,000 Y chromosomes. *Science*, 292 : 1151–1153 (2001) ; John Hawks, The

Y chromosome and the replacement hypothesis. *Science*, 293 : 567a (27 July 2001).

114. Ewen Callaway, Teeth from China reveal early human trek out of Africa. *Nature*, 14 Oct. 2015 online, doi : 10.1038/nature.2015.18566.

115. Robin Dennell, *Homo sapiens* in China 80,000 years ago. *Nature*, 526 : 647-648 (29 Oct. 2015).

116. 吴新智，徐欣，《从中国和西亚旧石器及道县人牙化石看中国现代人起源》，《人类学学报》，第 35 卷第 1 期，1~13 页（2016 年 2 月）。

117. Sheela Athreya and Xinzhi Wu, A multivariate assessment of the Dali hominin cranium from China : Morphological affinities and implications for Pleistocene evolution in East Asia. *American Journal of Physical Anthropology*, 2017 : 1-22；《中国大荔颅骨或改写人类进化史》，《中国地质》，第 44 卷第 6 期，1085 页（2017 年 12 月）。

118. Wu Liu et al., Human remains from Zhirendong, South China, and modern human emergence in East Asia. *Proceedings of the National Academy of Sciences*, 107 : 19201-19206 (9 Nov. 2010).

119. 刘武，金昌柱，吴新智，《广西崇左木榄山智人洞 10 万年前早期现代人化石的发现与研究》，《中国基础科学》，2011 年第 1 期，11~14 页。

120. Robin Dennell, Early *Homo sapiens* in China. *Nature*, 468 : 512-513 (25 Nov. 2010).

121. Rebecca L. Cann, Mark Stoneking, and Allan C. Wilson, Mitochondrial DNA and human evolution. *Nature*, 325 : 31-36 (1 Jan. 1987).

122. Alan Templeton, Out of Africa again and again. *Nature*, 416 : 45-51 (2002)；Alan Templeton, Genetics and recent human evolution. *Evolution*, 61 : 1507-1519 (2007)；Milford Wolpolf et. al., Modern human ancestry at the peripheries : A test of the replacement theory. *Science*, 291 : 293-297 (12 Jan. 2001)；吴新智，《与中国现代人起源问题有联系的分子生物学研究成果的讨论》，《人类学学报》，第 24 卷第 4 期，259~269 页（2005 年）；吴新智，《现代人起源

的多地区进化学说在中国的实证》,《第四纪研究》, 第 26 卷第 5 期, 702~709 页（2006 年 9 月）。

123. K. Prüfer et al., A high-coverage Neandertal genome from Vindija Cave in Croatia. *Science*, 358 ：655-658 (3 Nov. 2017).

124. Melinda A. Yang, Qiaomei Fu et al., 40, 000-year-old individual from Asia provides insight into early population structure in Eurasia. *Current Biology*, 27 ：3202-3208 (23 Oct. 2017).

125. 张明, 付巧妹,《史前古人类之间的基因交流及对当今现代人的影响》,《人类学学报》, 第 37 卷第 2 期, 206~218 页（2018 年 5 月）。

126. Ann Gibbons, Close relative of Neandertals unearthed in China. *Science*, 355 ：899 (3 Mar. 2017).

127. Zhan-Yang Li et al., Late Pleistocene archaic human crania from Xuchang, China. *Science*, 355 ：969-972 (3 Mar. 2017).

128. Jane Qiu, The forgotten continent. *Nature*, 535 ：218-220 (14 July 2016). 网络版标题为《中国怎样正在改写人类起源之书》(*How China is Rewriting the Book on Human Origins*)；Michael Gross, A new continent for human evolution. *Current Biology*, 27 ：R243-R245 (3 April 2017)。

129. Michael Gross, A new continent for human evolution. *Current Biology*, 27 ：R243-R245 (3 April 2017).

130. 高星,《更新世东亚人群连续演化的考古证据及其相关问题论述》,《人类学学报》, 第 33 卷第 3 期, 237~253 页（2014 年 8 月）。

131. 见吴新智接受腾讯视频的访谈。又见吴新智,《从中国晚期智人颅牙特征看中国现代人起源》,《人类学学报》, 第 17 卷第 4 期, 276~282 页（1998 年 11 月）。

132. Ann Gibbons, A new view of the birth of *Homo sapiens*. *Science*, 331 ：392-394 (28 Jan. 2011).

133. Fred H. Smith, Species, populations and assimilation in later human evolution. *A Companion to Biological Anthropology*, ed. Clark Spencer Larsen.

Oxford : Wiley-Blackwell, 2010.

134. David Reich, *Who We Are and How We Got Here : Ancient DNA and the New Science of the Human Past*. New York : Pantheon, 2018. 本书有叶凯雄、胡正飞的中译本《人类起源的故事》, 浙江人民出版社, 2019 年。原书名中的 We 仅指"我们这种现代智人", 不包含更早期的人族成员, 如乍得撒海尔人、地猿、南方古猿和直立人等。因此中文书名中的"人类"两字, 恐怕容易引起误解, 若改为《智人起源的故事》当更正确。

135. Ann Gibbons, A new view of the birth of *Homo sapiens*. *Science*, 331 : 392-394 (28 Jan. 2011).

136. http : //news.sciencenet.cn/htmlnews/2013/11/285196.shtm.

137. 此书最先于 2015 年以韩文在首尔出版, 后以英文在 2018 年由纽约 W. W. Norton 刊行。繁体中文版 2018 年由台湾三采文化出版。简体中文版 2020 年由天津科学技术出版社出版。学界"私语"见英文版第 21 章, 224~225 页。

138. Jane Qiu, The forgetten continent. *Nature*, 535 : 218-220 (14 July 2016).

139. 本章关于肤色演化的叙述, 主要根据 Nina Jablonski, *Living Color : The Biological and Social Meaning of Skin Color*. Berkeley : University of California Press, 2012 ; Nina Jablonski, *Skin : A Natural History*. Berkeley : University of California Press, 2006, 以及 Nina G. Jablonski and George Chaplin, The colours of humanity : the evolution of pigmentation in the human lineage. *Philosophical Transaction of the Royal Society B*, 372 : 20160349 (2017)。

140. Michael F. Holick, Sunlight and vitamin D for bone health and prevention of autoimmune diseases, cancers, and cardiovascular disease. *The American Journal of Clinical Nutrition*, 80 (6 Supplement) : 1678S-1688S (December 2004).

141. Susan S. Harris, Vitamin D and African Americans.*Journal of Nutrition*, 136 : 1126-1129 (1 April 2006).

142. Rebecca L. Lamason, Keith C. Cheng et al., SLC24A5, a putative cation exchanger, affects pigmentation in zebrafish and humans. *Science*, 310 :

1782-1786 (2005).

143. Ann Gibbons, How Europeans evolved white skin. *Science*, 2 April 2015 online.

144. Torsten Günther et al., Population genomics of Mesolithic Scandinavia : Investigating early postglacial migration routes and high-latitude adaptation. *PLoS Biology*, 16 (1) : e2003703 (2018).

145. Selina Brace, Chris Stringer, David Reich et al., Population replacement in early Neolithic Britain. *bioRxiv* 267443 (18 February 2018).

146. 见斯特林格接受英国第四频道电视台的专访: https : //www.youtube.com/ watch？v=TQ8dc0XhUMM。

147. Heather L. Norton, Keith Cheng et al., Genetic evidence for the convergent evolution of light skin in Europeans and East Asians. *Molecular Biology and Evolution*, 24 : 710-722 (2007) ; Melissa Edwards, Li Jin, Esteban J. Parra et al., Association of the OCA2 polymorphism His615Arg with melanin content in East Asian populations : Further evidence of convergent evolution of skin pigmentation. *PLoS Genetics*, 6 : e1000867 (1 March 2010).

148. D. T. Max, How humans are shaping our own evolution. *National Geographic* (April 2017).

149. Todd Bersaglieri et al., Genetic signatures of strong recent positive selection at the lactase gene. *American Journal of Human Genetics*, 74 : 1111-1120 (2004) ; Sarah Tishkoff et. al., Convergent adaptation of human lactase persistence in Africa and Europe. *Nature Genetics*, 39 (1) : 31-40 (2007).

150. C. M. Schlebusch et al., Human adaptation to arsenic-rich environments. *Molecular Biology and Evolution*, 32 (6) : 1544-55 (2015).

151. M. Apata et al., Human adaptation to arsenic in Andean populations of the Atacama Desert. *American Journal of Physical Anthropology*, 163 (1) : 192-199 (2017).

152. Edward B. Daeschler, Neil H. Shubin, and Farish A. Jenkins Jr., A Devonian

tetrapod-like fish and the evolution of the tetrapod body plan. *Nature*, 440 : 757-763 (6 April 2006).

. R. Alexander Pyron, We don't need to save endangered species. Extinction is part of evolution. *Washington Post*, Nov. 22, 2017.

154. 高星,《人类学学报》, 第 36 卷第 1 期, 131~140 页（2017 年 2 月）。

155. 龙漫远,《中国图书评论》, 2010 年第 6 期, 101~103 页。